现代农业高新技术成果读本

粮食作物种植及产后加工

于勇　主编

U0346904

中国农业出版社

编　委　会

主　　编　于　勇（浙江大学生物系统工程与食品科
学学院浙江大学自贡创新中心）

副主编　朱松明（浙江大学生物系统工程与食品
科学学院）

　　　　　杨小龙（浙江大学自贡创新中心）

　　　　　朱莉莉（浙江大学自贡创新中心）

　　　　　刘庆庆（西华大学食品与生物工程学院）

编写人员　闫凯亚（浙江大学生物系统工程与食品
科学学院）

　　　　　李婷婷（浙江大学自贡创新中心）

　　　　　张　洁（浙江大学自贡创新中心）

　　　　　余　丹（浙江大学自贡创新中心）

　　　　　余　科（浙江大学自贡创新中心）

　　　　　周　川（浙江大学自贡创新中心）

　　　　　王　媚（浙江大学自贡创新中心）

前　　言

　　农业在国民经济中占据着重要的地位，提供支持国民经济建设和发展的基础产品，属于第一产业。21世纪是农业发展的重要时期，传统农业已经很自然地过渡到现代农业。随着生命科学、生态学等先进科学技术的不断发展与结合，必将导致农业生产方式的进一步变革和突破。

　　相对于传统农业而言，现代农业广泛应用现代科学技术、现代工业提供的生产资料和科学管理方法，保障农产品供给，增加农民收入，促进农业可持续发展。未来的现代农业，将继续以提高劳动生产率、资源产出率和商品率为途径，以现代科技和装备为支撑，在家庭经营基础上，在市场机制与政府调控的综合作用下，农工贸紧密衔接，产加销融为一体，形成多元化的产业形态和多功能的产业体系，不断提高农业劳动生产率、土地生产率和农产品加工利用率。

　　现代农业体系中，科技化水平是其中一个非常重要的指标。近年来，在各级政府的大力支持下，农业领域的研究取得了丰硕的成果。但就目前而言，大多数研究成果还仅仅掌握在农业高校、研究所等科研单位手上，相应的转化效率不高，推广面积不广。针对这一现象，编者搜集了各大农业高校以及农业研究所近年来相关的科研成果和文献资料，编写成《现代农业高新技术成果读本》丛书，希望通过此书搭建基层农业技术人员、农产品加工企业、食品质量检测机构与科研院校之间的互通桥梁，为我国农村工作中的精准扶贫、脱贫攻坚等专项工作做出自己的贡献。

　　本丛书共分为 4 册，内容涉及大部分农产品产前、产中、产后的一些相关知识和技术手段。《粮食作物种植及产后加工》，包含了水稻、玉米、小麦、高粱、薯类等主要粮食作物；《油料作物种植及产后加工》，包含了菜籽、大豆、花生等重要的油料作物；《经济作物种植及产后加工》，包含水果、蔬菜、茶叶等；《现代养殖技术及产品加工》，包含了常见的猪、牛、羊、兔以及大部分水产品等。此书实用性强，包含的农产品种类较为全面。其中的技术手段适合各个地区借鉴和采用。

　　本书的编写工作是在四川省自贡市委市政府、自贡市高新区管委会、荣县县委县政府的大力支持和帮助下，由浙江大学自贡创新中心、浙江大学生物系统工程与食品科学学院共同牵头，结合自身在四川自贡地区的农村工作经验，联合西华大学食品与生物工程学院共同完成，努力做到最大程度地贴近农业生产、农产品加工等方面的实际需求。本丛书的主编及编写人员皆是常年工作在教学、科研第一线的学术带头人及骨干，有着丰富的教学经验和实践经验。除此之外，此书的顺利编写也离不开四川自贡当地众多农技人员的帮助。在此，编者向所有对此书给予过关心、指导和帮助的领导、同事、朋友致以最诚挚的感谢。

　　由于本书涉及的领域很广，编者水平有限，书中难免有不足之处，敬请广大读者提出宝贵意见，以便再版时补充修正。

编　者

2017 年 5 月

目　　录

第一章 种植品质质量控制

第一节 水 稻

1 K型杂交稻的选育与推广

1.1 成果简介

运用分子生物学技术和三系杂交水稻育种技术以及原理，在K型不育胞质研究、K型不育系选育、K型杂交水稻新组合的培育和K型杂交水稻的推广及应用等方面取得了突破，详述如下：（1）采用籼、粳亚种或亚亚种进行聚合杂交、分子标记技术辅助选择、生物技术稳定化等综合育种技术，自主创建了5个高配合力、优质、高异交率的K型不育系（K22A、泸香90A、泸香618A、绿香1378A、LF308A），并通过了省级相关部门技术鉴定。其中，K22A为首例育成的"籼粳交偏籼型"不育系，它具有K型粳稻不育胞质。K22A、泸香90A具有超高产配合力的优势，经审定，其组合增产幅度超过8%；泸香618A、绿香1378A及所配组合稻米品质同样优良。（2）利用前期培育和新培育的K型系列不育系，新组配出了35个可用于不同稻作制度的K型系列组合，通过了国家和省级相关部门的审定。（3）建立了K型杂交稻的种子纯度保障体系，此体系以确保不育系亲本种子的高纯度为核心。（4）更深层次说明了K型不育胞质同别的不育胞质如冈型、野败型不育胞质在线粒体DNA（mtDNA）上的不同差异，获得了一些关于两种不育胞质差异的新证据以及一些可能和胞质不育有关的其他特异性片断。（5）建立了五种以"推广工作重心前移，多个单位联合研发、多品种集团当家"的 K 型杂交水稻推广新模式。

1.2　技术关键点及难点

K 型不育系的选育，胞质效应研究，花药发育的细胞学观察，酯酶、过氧化物酶同工酶分析。利用前期育成和新育成的 K 型系列不育系，新组配出适合不同稻作制度的 K 型系列组合。

1.3　应用案例与前景

目前已运用 K 型不育胞质育成了 Kt2A、K 青 A、K17A、K18A 等 K 型不育系应用于生产，表现出高配合力、高异交率。并组配出了 15 个早稻、中籼早熟、中籼中熟、中籼迟熟等各种熟期的高产、优质、抗病的 K 型杂交组合，先后通过了全国或省级审定，K 型系列杂交稻组合在国内水稻主产区的 14 个省（直辖市、自治区），累计应用推广新增面积 7 000 万亩*以上，产生直接经济效益 2 576 亿元以上。在越南、西班牙、印度等国获得良好的试验示范效果，两个组合已获准在西班牙登记。产生了显著的社会和经济效益。

主要完成人：王文明，文宏灿，袁国良，万先齐，朱永川

主要完成单位：四川省农业科学院水稻高粱研究所，四川省农业科学院，重庆大学

技术成熟度：★★★★★

2　四川杂交中稻丰产高效技术集成研究与示范

2.1　成果简介

该项目通过对水稻种植过程中的品种筛选、育秧、移栽、栽

---

　　* 亩为非法定计量单位，15 亩＝1hm^2＝10 000m^2。

培、灌溉等多个环节进行研究，集成先进技术，建立不同地区水稻种植技术模式。首先，根据四川省主要水稻种植区、成都平原地区的光照不足、温度较低等自然生态条件，筛选优质高产品种、高光效品种、耐低温品种等多个主推品种，配合大中苗强化栽培技术、免耕移栽技术、优化耕作方式与施肥技术、节水高效灌溉技术等关键技术的研究与创新，集成"成都平原杂交中稻优质高产栽培技术模式"。其次，针对盆地及丘陵水稻种植过程中季节性干旱频发、迟栽面积较大、后期温度过高等问题，进行了抗（耐）旱品种、耐高温品种等主推品种培育与筛选，超稀播旱育秧避旱栽培技术、稻田秸秆覆盖和轮晒节水技术等关键技术研究与创新，集成"盆地丘陵杂交中稻抗逆稳产技术模式"。第三，针对农民进城务工、农村劳动力短缺、水稻种植效益低等问题，开展进行了抗倒优质高产主推稻种筛选、简化旱育秧播种技术、免耕定抛技术、免耕秸秆还田技术、免耕撬窝移栽技术等关键技术研究与创新，集成"两熟制稻田水稻轻简高效生产模式"，大大缩短了劳动时间。

2.2 技术关键点及难点

成都平原杂交中稻优质高产栽培技术模式，实现小、中、大苗配套栽培；盆地丘陵杂交中稻抗逆稳产技术模式，该技术通过扩大秧床地面积，采用超稀播规范旱育秧，有效延长了秧苗适栽期，实现了盆地丘陵旱区避旱栽培，高产稳产；两熟制稻田水稻轻简高效生产技术模式，运用免耕定抛技术和免耕撬窝移栽技术，整合了抛秧省工节本和插秧控制秧苗田间有序分布的技术优势，解决传统抛秧因秧苗分布不均而导致产量不稳和免耕栽培移栽困难的难题。

2.3 应用案例与前景

本项目技术成果在四川省水稻主产县（区、市）建立了示范区 14 个，分别为广汉、郫县、东坡、泸县、简阳、绵竹、汉源、双流、安居、顺庆、翠屏、宣汉、射洪和中江，其增产效果十分显著。2004—2008 年累计推广 5 509.2 万亩。项目区水稻平均产量与所在地当年水稻平均产量相比，累计新增稻谷 223.84 万 t，新增社会经济效益 49.44 亿元。技术成果还在重庆、云南、贵州、湖北、陕西等省、直辖市应用推广，其中杂交中稻超高产强化栽培技术已成为四川省主推技术，列为 2009 年国家水稻高产创建核心技术，在四川及长江中上游一季中稻地区推广应用。

主要完成人：陶诗顺
主要完成单位：四川省农业科学院，四川农业大学，四川省农业技术推广总站，西南科技大学
技术成熟度：★★★★★

3 水稻籼粳杂种优势利用相关基因挖掘与新品种培育

3.1 成果简介

水稻是我国最主要的粮食作物之一，不断提高水稻产量对解决我国粮食安全问题意义重大而深远。籼稻与粳稻之间的深刻分化，使它们在产量、品质、抗逆性等方面具有各自的特色。野生稻细胞质中雄性不育基因的发现以及亚种内杂交水稻的三系配套的实现，很大程度上提高了我国稻作区水稻产量。其中，杂交品种 F_1 具有强大的杂种优势，在营养器官以及产量性状上均有所表现。籼稻与粳稻亚种间杂交具有强大的优势，通常情况下可比亚种内杂交的产量潜力高出 10%～30%，但是籼稻和粳稻亚种间杂交后代存在半不育、超亲晚熟以及株高超过亲本等现象，严重影响其在种植、生产上的利用。

本项目充分挖掘水稻籼粳杂种优势利用的相关基因并培育新品种，发现并利用了广亲和、光钝感早熟和显性矮秆基因，培育出籼粳杂交高产水稻新品种。研究发现了 17 个水稻不育位点及

广亲和基因,并发明了相应的分子标记技术,有效解决了籼粳杂种所存在的半不育问题;发掘水稻早熟基因,提出了基于感光基因型和光钝感基因型的分子设计方法,解决了籼粳中间杂交超亲晚熟的问题。

3.2 技术关键点及难点

(1)针对杂种 F_1 株高偏高,发掘新的显性矮秆及株型关键基因,该基因能使杂种 F_1 植株株高基本介于双亲之间。(2)针对杂种 F_1 生育期超亲晚熟,通过明确中国各稻区品种抽穗期基因型,分析各地的光温生态条件,设计适合的基因型,实现定向育种,培育出符合不同生育期要求的杂交组合,或者筛选感光基因非等位互补的亲本,或双亲均带有隐性感光抑制基因,配制的杂交组合可避免杂种 F_1 生育期超亲晚熟,确保杂交组合抽穗期的广适应性。(3)针对杂种 F_1 结实率低的育性障碍,通过发掘更多新的杂种不育基因,找出相应的广亲和基因位点,把这些广亲和基因进行聚合,培育超级杂交水稻,或采用染色体片段置换的方法,在籼粳交主要的育性位点上,利用分子标记进行定点籼粳片段相互置换,从而克服不育位点的影响。

3.3 应用案例与前景

聚合 S5 - n、S7 - n、S17 - n 等广亲和基因和光钝感基因 Dth8,培育出广适强优恢复系 W107,组配的协优 107 和 Ⅱ 优 107 分别通过国家和省级审定。2006 年协优 107 在云南省永胜县 1.13 亩上创亩产 1 287kg,刷新了世界水稻亩产最高记录。组配的籼粳交新组合南农优 102 在 2010、2011 年国家南方晚籼杂交稻区试中排名第一。通过粳中渗籼,聚合优质、高产、抗病虫等性状的有利基因,育成高产优质多抗粳稻新品种宁粳 2 号、3 号。新品种累计推广 1 270.2 万亩,新增效益 134 185.4 万元,其中 2009—2011 年推广 871.3 万亩,新增效益 93 872.1 万元。新品种累计推广面积 3 107 万亩,社会效益 40.59 亿元。本成果有效解决了水稻籼粳杂种优势利用难题,培育推广的籼粳杂交新品种，为保障国家粮食安全和农民增收做出了积极贡献。

主要完成人： 万建民，赵志刚，江玲，程治军，陈亮明，刘世家

主要完成单位： 南京农业大学，中国农业科学院作物科学研究所

技术成熟度：★★★★★

4 高异交性优质香稻不育系川香 29A 的选育及应用

4.1 成果简介

20 世纪 90 年代初，四川省相关育种攻关单位在已有的研究基础上，育成了冈优 725、冈优 527、Ⅱ优 7 号等水稻杂交新组合，为水稻的稳定和发展做出了突出贡献。然而，上述这些品种的米质并不是很理想，其外观与食味皆欠佳。究其原因，主要是这些水稻不育系本身米质欠佳所致。就我国普通大米与泰国香米相比较，泰国香米的价格可高出 1～2 倍。我国传统的香稻品种多为高秆类型，且丰产性差。目前，虽然已经育成了一些矮秆香稻品种，但其丰产性与广适性仍然比不上杂交水稻。因此，如何将香味基因成功导入到杂交水稻亲本中，成为解决这一问题的关键。

该项目采用聚合香味、高异交性、抗倒伏性、耐热（旱）性等优异基因为一体的方针路线，成功育成性状稳定、高异交特性的野败型优质香稻不育系川香 29A。再利用不育系川香 29A 选配出广适性、优质、高产、耐热性较好的杂交水稻新品种达 28 个。采用重新组合自交系构建了以 PCR 为基础的 SSR 分子标记图谱，定位了涉及产量及其构成因素、异交习性、稻米品质等重要农艺性状的 QTLS 达 75 个。采用一定的技术手段发掘出了川香 29 有利基因。通过研究川香 29A 集中开花时期与柱头高外露

性状的聚合，香稻不育系育种产量低的技术瓶颈得以突破。该不育系柱头外露率高达 69.46%，其中双外露率为 22.15%，此不育系的异交结实率较高。一般情况下，繁殖及杂交稻制种产量可达 300kg/亩，高产田块可达到 426kg/亩。

4.2　技术关键点及难点

研究川香 29A 的农艺性状、生育特性、稻米品质、异交习性、可恢复性和配合力，为川香 29A 的广泛应用提供依据。利用川香 29A 选配优质、高产、广适性、耐热性较好的杂交稻新品种。采用重组自交系构建分子标记图谱，发掘川香 29A 有利基因。川香 29A 花时集中与柱头高外露性状的聚合，突破了香稻不育系制种产量低的技术瓶颈。

4.3　应用案例与前景

用川香 29A 配制出 28 个品种分别通过国家级或省级审定，已在我国南方稻区的川、黔、滇、渝、陕、鄂、湘、赣、闽、皖、江、浙、豫、桂及粤等 15 个省（直辖市、自治区）广泛种植，其中川香优 2 号等 12 个川香优系列品种 2002—2009 年已累计推广 8 593 万亩，增产稻谷 15.8 亿 kg，新增纯收益 38.9 亿元，取得了显著的社会经济效益。

主要完成人：任光俊，陆贤军，高方远，兰发盛，郑家国，卢代华，苏秀，何芳，张鸿等

主要完成单位：四川省农业科学院作物研究所

技术成熟度：★★★★★

5　高配合力优质新质源水稻不育系 803A 的创制及应用

5.1　成果简介

该项目首次育成了有生产应用价值的爪哇型不育新胞质水稻

新品种，使杂交水稻不育胞质的遗传多样性得以较大丰富；此项目也是首次将这种水稻不育系应用于生产实践，填补了国内外爪哇型胞质不育系在水稻生产过程中的空白；此外，这种水稻新品种更是首次解决了水稻育种在实践上长期存在的产量和品质难以协调及兼顾的矛盾，育成了第一个在我国国家区试两年平均产量比对照品种高 8% 以上，且其品质达国家优质米标准的杂交水稻新品种，实现了产量提高与米质同步改良的新突破。该项目研究育成的水稻不育系 803A 新品种，具有产量高、品质优良、适应性好、抗逆性较强、氮素转化利用率高、熟期配套等特点。在长期的生产实践中也可以发现，一般野败型 803A、珍汕 97A 和印尼水田型Ⅱ—32A 等生产上目前应用的不育系产量的配合力效应值比不上不育系 803A。2007 年不育系 803A 通过了四川省技术鉴定，另外，通过利用 803A 已配组育成了 B 优 827、B 优 811、B 优 840、B 优 838、B 优 817 等杂交水稻优良新品种，并通过国家或省级相关部门的审定，在生产上也得到了大面积的推广应用。

5.2　技术关键点及难点

利用优质保持系 L301B 与抗病保持系地谷 B 杂交，育成抗病优质保持系，利用新创制的爪哇型（JW）不育新胞质，创制出新质源不育系 803A。对新创制的爪哇稻细胞质雄性不育系（JW 型）进行 AFLP 指纹图谱分析。对不育系 803A 进行配合力分析。对爪哇型不育系 803A 所配品种进行抗倒伏特性、光合特性、适应性研究。

5.3　应用案例与前景

2006 年选育成功的 803A 系列品种，成果总体水平达到国际同类研究领先水平，被评为国家科技进步一等奖。项目在四川、重庆、贵州、湖南、湖北、福建等南方稻区 12 省、直辖市累计推广 6 430 多万亩，增收稻谷 22 亿多 kg，新增经济效益 33 亿多元。其中，四川推广 2 420 万亩，新增经济效益 12.4 亿元。经四川省农业厅组织专家对百亩示范片进行现场验收，不论最高产量和平均产量均打破四川省水稻高产记录，开创了天府水稻新纪元。预计未来 5 年，该系列品种在我国南方稻区还可推广 4 000 万亩以上，经济社会效益显著。

主要完成人：谢崇华，陈永军，杨国涛，胡运高

主要完成单位：西南科技大学，四川省农业科学院水稻高粱研究所，四川省教育厅研究所，四川省农业大学

技术成熟度：★★★★★

6 水稻耐贮藏种质发掘关键技术及应用

6.1 成果简介

我国是世界上人口最多的国家，农业生态环境不太乐观，就目前而言，我国农业的现状是生产能力储备不足，粮食安全储备（含数量和质量）方面也存在着一定的问题。国家耗费了大量资金建成了高标准粮食储备库，但依然不能有效解决企业以及农户分散贮藏的稻谷变质与仓贮虫害这些弊端。本项目主要瞄准国家粮食安全贮藏方面的重大需求，经历十多年的努力，通过利用水稻自身所携带的耐贮藏基因延长其贮藏时间的途径。主要取得的进展如下：针对稻谷劣变过程中的脂质代谢缺少快速微量检测技术这一难题，发明了以作物脂质氧化酶同工酶、脂肪酶为手段的生化检测专利技术（ZL00112539.7 和 ZL200610097523.8），此专利技术可实现水稻种胚 LOX 三个同工酶的快速、低成本检测，同时满足耐贮藏水稻种质的筛选与鉴定。并利用该专利技术从云南、贵州、IRRI 的水稻种质中成功筛选出了多达 18 份的LOX—1、LOX—2、LOX—3 缺失水稻种质，让耐贮藏研究水稻种质资源得到了极大的丰富。另外，在育成颖壳富含抗氧化物质的耐贮藏水稻品种后，研究水稻种质进化与稻谷贮藏特性关系

时又可以发现，稻谷颖壳、种皮中富含的花色苷等抗氧化物质与野生稻的耐贮藏特性有极大的关联。稻谷抗氧化作用与水稻种皮中的花色苷含量极显著并且呈正相关（$r=0.641^{**}$），抗氧化作用强的水稻，其种子的耐储性能较好。研究过程中，用颖壳富含抗氧化物质的水稻恢复系 YR293 育成的中籼杂交水稻丰优 293，颖壳中花色苷含量较一般水稻高，经过 36 个月实仓贮藏试验充分证明了丰优 293 稻谷较普通稻谷汕优 63 脂肪酸值增加了16%，若以脂肪酸值为评判标准，那么稻谷贮藏时间可延长 12 个月以上。

6.2 技术关键点及难点

筛选与粮食耐贮藏性有关的基因，丰富耐贮藏水稻种质资源，构建耐贮藏水稻优质品种，从而提高水稻的耐贮存特性。研究稻谷抗氧化作用与其种皮花色苷含量的相关性，培育出颖壳花色苷含量高杂交品种，提高水稻贮藏时间。

6.3 应用案例与前景

2005 年以来丰优 293 等 5 个杂交稻品种通过省级品种审定，在国内外规模化应用。育成审定耐贮藏水稻新组合 5 个，在国内外推广应用 571 万亩，获得直接经济效益 2 918 万元，社会效益 5.71 亿元。该项目创建的技术与方法是作物耐贮藏研究的共性技术，促进了玉米、大豆、花生等作物耐贮藏机理研究、品种选育，对国家粮食安全贮藏科技进步具有重要的推动作用。

主要完成人：吴跃进，余增亮，张从合，张瑛
主要完成单位：中国科学院合肥物质科学研究院，安徽省农业科学院水稻研究所，安徽荃银高科种业股份有限公司，安徽农业大学，安徽中谷国家粮食储备库
技术成熟度：★★★★★

7 粳型香软米品种云粳 20 的选育及推广应用

7.1 成果简介

云南因其错综复杂地形，千差万别气候，所以有"十里不同天"之说，但也正因为这样的地形与气候造就了云南稻作生态多样性。云南地区水稻种植面积广，从海拔只有 76m 的河口县到海拔 2 700m 宁蒗县永宁都有种植，云南常年水稻种植面积在 100 万 hm² 左右，在海拔 1 500m 以上地区主要种植的是粳稻，其面积大约占了 60 万 hm²。从多年的引种试验来看，国内外的粳稻品种大多不适合在云南高原稻作区内种植，由于气候条件的原因，云南粳稻区生产上所应用的水稻品种必须靠自育解决。就云南稻米市场而言，其中东北米和江苏粳米，外观品质较好，不过特色优质米的品种并不是很多，为了进一步提高粳米自身的品质，云南稻米市场迫切需要育成一批具有特色的优质粳稻新品种。因云南粳稻品质育种起步相对较晚，以往育成的还算优质的稻米品种，其综合品质还是不及东北米与江苏粳米，加之云南海拔高、气压低、水的沸点也相对变低，即便是优质的东北米、泰国米与日本的越光，煮出的米饭也不及当地的好吃。针对这一难点，一些育种工作者经过反复思考，提出了选育直链淀粉含量在 5%～15%，并且具有特色的优质软米和香软米为主攻目标，这种米直链淀粉的含量介于糯米和粳米之间，胚乳外观浑浊。特别适合云南特殊的气候与产业化开发需要。

7.2 技术关键点及难点

采用"集中组配，异地异季穿梭育种，四特性同步鉴定"的方法，选用中高直链淀粉含量香米品种（兼顾抗病高产）与软米材料进行集中组配，通过材料组合的创新和异地异季穿梭选育，结合直链淀粉含量和 RVA 谱特性分析，有针对性的选育直链淀粉含量在 10％左右、具香味特性、食味品质较好的香软米材料，在短期内成功育成香软米品种。在鉴定中把谷粒打成糙米，结合胚乳形状快速鉴定软米，对应糙米播种技术，都是在实践中发掘出来的独特技术方法。通过以上技术路线，建立了高效的香软米育种技术体系。

7.3 应用案例与前景

云粳 20 在生产中得到了广泛应用。在昆明市、玉溪市、楚雄州、大理州、保山市、曲靖市、临沧市、红河州、文山州、西双版纳州推广应用，2010—2012 年累计推广面积 51.72 万亩，增产稻谷 356.55 万 kg，增产效益 830.67 万元，优质优价效益 20 308.86 万元，总增加产值 21 139.53 万元，节本效益 897.36 万元，总增产值达 2.2 亿元。该品种的推广有效地促进了农村经济的快速发展，增加地方农民收入，同时满足云南省对优质米品种的需求。

主要完成人：邹茜，赵国珍，刘慰华，世荣
主要完成单位：云南省农业科学院粮食作物研究所
技术成熟度：★★★★★

8 高产优质抗病滇型杂交粳稻选育制种技术研究及示范推广

8.1 成果简介

云南农业大学经过不断的研究，对高产优质抗病滇型杂交粳稻的选育有了以下几个突破性成果：（1）该课题组育成粳稻不育系新细胞质源达 12 个。（2）首次研究证明了水稻雄性不育系中所存在的"同质恢"结果，是不育系自然突变所形成的。（3）同时还第一次创新出了一种粳稻恢复基因无误差鉴定技术，建立了一种十分有效的杂交粳稻选育新方法，通过这些技术方法育成 6

个适应性广的杂交粳稻品种，并且通过了云南省审定，其中 1 个还通过了贵州省审定，这次审定的品种数量远远超过以往几十年审定的滇型杂交粳稻之总和。（4）并且，这次育成的杂交粳稻新品种同时具有高产、优质、抗病、抗逆、广适性强的特征，是杂交粳稻育种的重要突破。（5）育成的滇杂 31 以及滇杂 32 在 2005 年百亩连片试验过程中平均产量超过超级稻第三期的指标，滇杂 31 是我国百亩连片验收过程中产量最高的品种，亩产量达 960kg。自 2000 年以来滇杂 31 参加云南省杂交粳稻区试和作为区试对照品种在参试杂粳中无论产量或品质都是名列第一的品种。（6）最后，还建立实施了滇型杂交粳稻规模化繁殖制种技术的规程，种子质量全部达到国家标准，而且最终的产量也明显高于其他省杂交粳稻。

8.2 技术关键点与难点

创立粳稻恢复基因无误差鉴定技术，有效育成集高产、优质、抗病、抗逆、广适性为一体的杂交粳稻品种。

8.3 应用案例与前景

2006—2008 年，滇杂 31、滇杂 32 累计生产不育系和杂交种子 318.55 万 kg；每年示范推广面积占云南杂交粳稻面积的 50% 以上，累计 154 万亩，新增稻谷总产量 9 240 万 kg。三年间繁殖制种推广新增总产值 3.44 亿元，新增总纯收益 2.78 亿元，还具有明显的社会生态效益。

主要完成人：谭学林，李铮友等
主要完成单位：云南农业大学
技术成熟度：★★★★☆

9 高产优质杂交水稻新品种花香 4016 的选育及栽培技术

9.1 成果简介

重庆、四川等西南地区人口众多耕地较少、丘陵区占多数、并且这些地区气候寡照多雨、高温低温变化十分频繁，所以培育出适合西南地区种植，并且具有高产、抗病、抗逆、优质的杂交水稻新品种就成为保障国家粮食安全的重要技术支撑。四川省农业科学院生物技术核技术研究所采用自育的花香 A 作为母本、川恢 4016 作为父本，杂交选育出了集高产、稳产、优质、抗病于一体的杂交水稻新品种花香 4016。该品种的优点是株叶型好、产量高、米质优，最重要的一点是适于四川、重庆以及西南地区海拔在 800m 以下的稻作区栽培。该品种在 2011 年通过了重庆市农作物品种审定委员会审定（审定编号：渝审稻 2011002）。其母本不育系花香 A 是采用常规育种技术与空间诱变技术结合培育而成的，它是具有红褐色标记性状的优质香型不育系；其父本恢复系川恢 4016 是采用杂交、辐射诱变以及花药培养相结合选育的，其特点是大穗、大粒、优质、高配合力的强恢复系。育成的花香 4016 属中籼迟熟组合，在重庆市稻作区的试验过程中，该品种的全生育期为 160.2d，与对照组 II 优 838 相比长 0.2d；平均株高为 124.8cm，田间生长整齐，分蘖力较强，株型较为紧凑、叶色绿、较挺，长势较好，抗倒伏，成熟期转色好，易落粒。谷粒属于长粒型，平均每穗粒数高达 171.9 粒，结实率 85.92%。在 2010 年，花香 4016 在重庆市铜梁、潼南以及四川的部分市、县小面积示范种植试验过程中，其产量一般为 8 550~9 750kg/hm²，千粒重 30.13g。生产试验稻米品质优于对照组 II 优 838，其出糙率达 81.0%，整精米率 60.2%，长宽比 2.7，垩白粒率 38%，垩白度 7.8%，胶稠度 80mm，直链淀粉含量 20.8%。

9.2　技术关键点及难点

栽培时多注意选择适宜气候、适宜土壤，适时移栽、合理密植，加强肥水管理、平衡施肥、提早预防，及时防治虫害。尤其注意施肥要点：重施基肥，早施促蘖肥，中期控制氮肥，后期补四粒肥。

9.3　应用案例与前景

2008—2010 年参加重庆市水稻区试，三年平均产量 8 890 kg/hm²，比对照Ⅱ优 838 增产 7.46%，2010 年参加重庆市水稻生产试验，平均产量 8 450kg/hm²，比对照Ⅱ优 838 增产 4.41%。2010 年在重庆市铜梁、潼南和四川部分市、县小面积示范种植，产量一般为 8 550～9 750kg/hm²。该品种株叶型好、产量高、米质优，适于重庆以及西南地区海拔 800m 以下地区作一季中稻栽种，能够带来显著的经济社会效益。

主要完成人：张志勇，王平，向跃武，蒲志刚，蔡平钟，张志雄

主要完成单位：四川省农业科学院生物技术核技术研究所

技术成熟度：★★★☆☆

10　主要作物种用化控抗逆壮苗栽培技术体系的研究与应用

10.1　成果简介

该项目针对水稻、油菜、小麦生产上由于受低温冷害、渍害、弱苗以及徒长等影响导致产量不稳定的问题进行研究，并最终获得以下研究成果：（1）首创烯效唑系列安全使用技术。小麦上首次提出采用烯效唑干拌种、油菜上发明了以烯效唑种子包衣化控技术、水稻上率先提出以烯效唑浸种化控技术，为我国作物化控栽培发展奠定了稳固的技术基础。（2）系统化的阐明了烯效

唑在调控作物抗逆性过程中的效果与机理。烯效唑可通过进一步提高作物在逆境条件下的细胞内保护酶系统的活性，减少细胞中自由基对膜的破坏程度，达到一个稳定膜结构的功能，从而诱导作物对逆境的忍耐能力。并且可以通过提高根系活力来改善生长发育、改变生育进程，最终达到提高作物对逆境的适应能力，提高逆境条件下作物的产量。（3）最后，明确了烯效唑化控栽培的壮苗增产效果与机理。第一次发现烯效唑改变了种子萌发的内源激素平衡与物质代谢的进程，内源激素平衡与物质代谢进程的改变促进了萌发过程中 DNA 的自动修复与复制，达到了壮苗的效果，并且后期苗种分蘖早而多，根系发达而有活力，吸收和同化功能变强。

10.2 技术关键点及难点

研究烯效唑作用于作物时，作物内源激素含量的变化，对种子萌发过程中 DNA 修复与复制的变化，找到增强对逆境的抵抗能力和壮苗增产的机理。研究烯效唑化控栽培对改善籽粒品质和确保产品安全的效果及机理。

10.3 应用案例与前景

该项目在粮油作物化控栽培理论与技术研究、集成开发与推广应用、市场竞争力与社会经济效益等不同方面，均表现了鲜明的技术特色和优势。该成果大幅度减少了用药量，安全间隔期长，对籽粒产品和环境安全。种用化控技术达到国际领先水平。在粮油作物化控栽培理论与技术研究、集成开发与推广应用、市场竞争力与社会经济效益等不同方面，均表现了鲜明的技术特色和优势。该成果推广应用取得了良好的社会经济效益。累计推广面积 26 991.9 万亩，新增粮食产量 583.5 万 t，新增油菜籽产量 44.5 万 t，新增社会经济效益 76.1 亿元。种用化控技术达国际领先水平。

主要完成人：杨文钰，周伟军，陶龙兴，段留生，任万军，

樊高琼，程映国，周耀德，曾晓春，韩惠芳，胡晋，王熹，刘卫国，万克江，谭素宁

主要完成单位：四川农业大学等

技术成熟度：★★★★★

11 重穗型杂交稻的高产机理及其稀植优化生产技术的研究与应用

11.1 成果简介

重穗型杂交稻超高产育种是我国超级稻育种工作中重要的发展方向和技术路线之一。本项目针对重穗型杂交水稻的株型因子、生理生化特性以及高产潜力进行了全面而系统研究，创新性地提出了一种适合重穗型杂交水稻栽培技术新体系——稀植优化，根据四川及类似生态条件的地区，研制了相应的技术规程。另外，从株型配置、生理生化特性以及产量潜力等方面进行了全面深入的研究，率先系统地揭示了重穗型杂交水稻源、库、流特征，研究探明了重穗型杂交稻高库容、高光效、高转化等一系列高产机理和理想株叶型指标，全面丰富了杂交水稻超高产栽培与育种理论，这些对于我国水稻超高产育种和栽培都具有十分重要的实践指导意义和理论价值。该项目通过规范化稀播育秧提高并优化了秧苗素质、合理稀植优化群体结构、水稻生长后期氮肥的有效调控优化籽粒并灌浆，创造性地提出并阐明了重穗型杂交水稻稀植优化栽培的技术路线及技术关键，通过试验研究，准确把握并解决了重穗型杂交水稻在稀植优化栽培中育秧、密度和施肥三大技术难点。研制的分别适应四川及类似生态区一熟制和两熟制稻田的重穗型杂交稻稀植优化栽培技术规程，先进实用，能充分发挥重穗型杂交稻的高产潜力，最终实现良种良法的配套和合理密植向合理稀植的转变。

11.2 技术关键点及难点

该技术关键点在于探明重穗型杂交稻高库容、高光效、高转化的高产机理和理想株叶型指标，对中国水稻超高产栽培和育种具有重要的实践指导意义和理论价值；规范化稀播育秧优化秧苗素质、本田合理稀植优化群体结构、后期氮肥有效调控优化籽粒同步灌浆是该本项目的三大技术难点。

11.3 应用案例与前景

技术体系在生产应用中每亩可增产稻谷 30～120kg，省种30%～50%，省工 3～6 个，增收节支 80～150 元。仅在四川已累计推广 2 750 余万亩，增产稻谷 10.62 亿 kg，新增纯收益22.58 亿元，社会、经济效益十分显著。该项目学术水平高，理论成果丰硕，技术创新性强，社会经济效益显著，居同类研究国际领先水平。

主要完成人：马均，陶诗顺，刘代银，杨文钰

主要完成单位：四川农业大学，西南科技大学，四川省农业技术推广总站

技术成熟度：★★★★★

12 水稻高产高效养分管理关键技术研究与应用

12.1 成果简介

通过一些数据显示，我国稻作区普遍存在着土壤质量下降、肥力不断降低；施肥方法不科学，导致产量极不稳定、面源污染十分严重；水肥协同管理失调，资源利用效率低；缺乏不同稻区的养分管理技术体系与模式的问题。针对上述这些问题，该项目开展了以水稻养分高效管理以及养分高效利用机理为核心的关键技术研究，构建了一种与主要稻作区相适应的养分高效管理技术体系与模式，并将这种模式进行了大面积推广与示范，从后期结

果可知，这种模式的社会、经济和生态效益显著。主要研究成果如下：（1）得出了水稻养分高效利用与养分生产力提高的机理。水稻土养分释放的特征也得到了进一步的揭示，明确了栽培水稻的土壤中养分随时间的变化特征并获知供应能力受土壤自身特征和水稻生长时期的双重影响，要想做到土壤养分释放规律与作物营养需求规律的协调统一，可以通过氮肥的运筹调控来加以实现。（2）水稻养分高效利用和稳产增效的关键技术也得到进一步创新。水稻高效施肥参数得到全方位修正，获得了极高理想产量的施肥量指标。（3）构建了一种新技术模式，该模式适宜不同稻作区的水稻养分高效管理。

12.2 技术关键点及难点

揭示了水稻土养分释放特征和水稻养分吸收及运转分配规律，建立了水稻土养分丰缺指标技术体系，修正了推荐施肥技术参数，率先创新集成了不同稻作区养分管理技术体系与模式；研究了水稻化学氮肥投入阈值的约束条件，率先提出了不同稻作区水稻化学氮肥安全施用范围；研究探明了河蟹毒理特性对氮肥的相应行为和养蟹稻田土壤肥力变化规律，率先研制出对河蟹安全的水稻专用肥及其高效安全施用技术。

12.3 应用案例与前景

项目组始终坚持试验研究与技术开发推广相结合，在全省水稻主产区建立了示范推广协作网，制定水稻高产高效栽培技术规范，编写相关技术手册，召开现场技术交流与座谈会 18 次，举办技术培训班 67 次，培育核心示范户 100 余户，培训基层技术人员和农民 9 600 人次，发放宣传资料 3.50 万余份；在盘锦市、铁岭市、沈阳市等 12 个水稻主产区累计推广应用 1 788 万亩，累计新增稻谷总产量 80.46 万 t，新增总产值 22.37 亿元，新增纯收益 14.99 亿元。本项目技术推广明显降低了稻田的农业面源污染，保障了生态安全和食品安全，社会、经济和生态效益显著。

主要完成人：孙文涛，宫亮，隽英华，刘艳，陈晓云，陈丛斌，徐冰，王建忠，李波，邢月华，赵念力

主要完成单位：辽宁省农业科学院

技术成熟度：★★★★★

13 水稻设计栽培技术

13.1 成果简介

新世纪水稻栽培的发展目标不同，现在所追求的是一种综合目标，即除了高产以外，还有优质、高效、生态、安全等。对于这样一个新目标，走精确定量的路子是水稻栽培科学有新的发展，有大的作为的必经之路。水稻设计栽培技术是一项数字稻作成果，它是基于定量化、模式化高产栽培理论和技术发展所形成的，该技术成果是针对某个地区的气候、品种以及种植土壤条件，按照一种工程设计的思路，在不同目标产量下设计水稻的生育进程、群体发展指标以及栽培调控措施，及时指导农民对田间水稻进行适当栽培管理，使水稻不管是生长发育还是产量品质的形成都按照设计蓝图的方向发展，达到一个以最少劳动力、最经济、最环保的物质投入，最终实现高产超高产目标。本项技术研究成果已开发成为"水稻设计栽培系统"计算机软件产品，其登记证号为 2009SR051397，而南京农业大学独立享有该软件产品的知识产权。值得一提的是，该软件产品操作十分简便，具有编制水稻栽培方案、模式图、农户明白纸以及农事日历等功能，水稻设计栽培技术推广应用的难度也得到相应的简化。

13.2 技术关键点及难点

（1）水稻叶龄模式是精确定量栽培的基础。在水稻生育过程中，应用出叶和各部器官生长之间的同步、同伸规律，以叶龄指标对各部器官的建成和产量因素形成在时间上作精确定量诊断，利用好三个最关键的叶龄期，即有效分蘖临界期、拔节始期（第

一节间伸长期)、穗分化叶龄期。（2）把与产量形成最密切相关的群体形态结构和生理功能进行定量：提高抽穗—成熟期群体光合积累量，是水稻高产群体质量的核心指标；寻找适宜 LAI 和抽穗期保持与伸长节间数相等的单茎绿叶数，是提高群体抽穗后光合积累量的形态生理基础；提高总颖花量，不仅是提高产量的直接因素，而且首先发现在适宜 LAI 下扩库不仅不会降低结实率和粒重，反而会因提高群体光合生产力和收获指数而增产。

13.3 应用案例与前景

该软件经江苏、云南、贵州、四川、重庆、河南、广东、湖南、湖北、江西、浙江、黑龙江、内蒙古、海南等省（直辖市、自治区）农业部门试用与实施，增产增效显著。实践证明该技术已成熟，适合在我国各稻区推广应用。

主要完成人：王绍华
完成单位：南京农业大学
技术成熟度：★★★★★

14 一种水稻无土育秧方法及应用

14.1 成果简介

随着我国农业生产的发展，水稻育秧方式与方法也有很大的改进，北方地区过去采用的水育秧的方法现在已经很少应用。以往的湿润育秧法与旱育秧法也都有所变化。目前，我国农民群众采用较多的育秧方法有薄膜育秧、无土育秧、旱育秧等。水稻育秧的目的就是要培育发根力强，植伤率低，插秧后返青快、分蘖早的壮秧。无土育秧全称为温室无土（泥）育秧，通常做法是在育秧盘内垫纸或塑料薄膜，其上不铺泥土，稻种均匀撒播，之后平放于温室内的层架上培育稻秧的一种育秧方式。无土育秧法的主要优点是秧龄短，秧苗壮，管理方便，可机插也可人工手插，工效高，质量好。

　　针对无土育秧的优势，南京农业大学又在无土育秧的基础上发明了一种新的育苗方法，该发明涉及水稻无土育秧方法及应用，属于水稻机插育秧技术领域。此发明方法包括如下步骤：(1) 苗床准备。(2) 育秧介质准备。(3) 播撒稻种。(4) 覆膜。(5) 秧苗管理。(6) 起秧运秧。本发明采用稻壳与无纺布为水卷苗的育秧介质，秧苗培养采用水培营养液，这极大提高了肥料利用效率，最终培育出的秧苗生长健壮，弹性较大；培育成的秧苗卷长度达 3～6m，并且这种秧苗卷的质量仅为传统秧苗块的 1/5，大大减少了秧块搬运过程中人力与机械的投入。另外，由于秧卷长 3～6m，在机插秧苗的过程中，停机补秧的次数大大减少，使得本田机插效率有了较大幅度的提升。此发明的专利申请号为 CN201410211815.4。

14.2　技术关键点与难点

　　本发明的一个创新点与关键点就在于采用了稻壳和无纺布为水卷苗育秧介质，使得秧苗卷的质量与其他无土方法育出的秧苗减轻了 4 倍，有利于运输。

14.3　应用案例与前景

　　本发明操作简便、省工省时，易实现工厂化、集约化、规模化育秧。在稻谷种植区具有广阔的市场前景。

主要完成人：李刚华
主要完成单位：南京农业大学
技术成熟度：★★★☆☆

15 水稻主要害虫绿色防控技术研究与应用

15.1 成果简介

因气候因素、种植结构、栽培耕作制度、品种以及防治水平差异，水稻病害虫在不同历史时期出现明显的变化。在我国，水稻的主要病虫害有水稻螟虫、稻纵卷叶螟和稻飞虱等。而我国也在这些虫害方面花了大量心血进行防控，但取得的效果也并不是很显著。

本项技术针对目前水稻生产过程中农药、化肥的大量使用，致使水稻害虫的天敌大幅度减少，而其自身的耐药性和生产对农药的依赖性又在不断增强，水稻螟虫、稻纵卷叶螟、稻飞虱三大主要害虫呈现出危害加重的趋势以及稻米农药残留超标等质量问题，湖南省农业科学院水稻研究所与植物保护研究所等单位自2003年以来，一同开展了新型赤眼蜂种群的筛选、水稻控害机理研究、高效繁殖及田间释放技术的研究，并进一步实施了大田天敌繁育和保护技术研究，探索了天敌的控害效应，有效研制出了扇吸式益害分离新型诱虫灯。此外，还开展了增苗节氮等农艺措施控制病虫害的研究，进行了绿色稻米生产模式及技术体系的集成研究。这些研究成果在湖南、江西等地进行了示范和应用。

15.2 技术关键点及难点

赤眼蜂是一种重要的寄生性天敌，研究形成了利用赤眼蜂新种群持续稳定控制稻纵卷叶螟和二化螟的生物防控技术；害虫灯光诱杀技术是作物害虫防治的一项重要物理防治技术，研究发明了扇吸式益害分离新型诱虫灯，实现了控害保益；针对稻田主要害虫稻飞虱繁殖快、繁殖量大，易造成数量猛增，突增突减，起伏较大的难题，提出了在稻田建立天敌保育中心和绿色通道。

15.3 应用案例与前景

项目自2008年开始在长沙县开展关键技术试验与示范，采用边试验示范边推广应用的方法，通过农技推广部门与稻米加工企业、种植基地有机结合，实行订单生产，逐步向全省和周边省份推广应用。2011—2013 年在湖南、江西、广西、云南等地较大面积推广应用，累计推广面积 145.28 万亩，农民直接节本增效 2.895 亿元，湖南粮食集团等 5 家大米加工企业增效 1.197 亿元。

主要完成人：赵正洪，朱国奇，黄志农，方宝华
主要完成单位：湖南省农业科学院水稻研究所
技术成熟度：★★★★★

16 水稻重要穗部病害防控技术

16.1 成果简介

水稻是我国粮食生产最重要的作物之一，其中杂交水稻与超级稻的种植面积就占水稻总面积的一半左右。超级稻在其产量大幅度提高的同时，也面临着更加严重的病害威胁，其中最主要的就是以稻曲病为首的水稻后期穗部病害。最近几年，几乎每年都有水稻产量损失超过 50% 的田块，甚至更为严重的田块直接绝收。另外，稻曲病菌的真菌毒素可以带来更严重的危害，那就是污染稻米，抑制人与动物正常细胞的分裂，并导致肝、肾和胃部的急性中毒。

本技术通过水稻品种穗部发育时间上的差异特征、初侵染源定量检测以及水稻中前期气温动态变化等因素监测，以"杀菌剂＋菌核降解"为其核心防控技术，此技术在不增加额外劳动力和减少 30% 杀菌剂剂量的基础上，可在严重病害发生年份将超级稻的病穗率控制在 5% 以下，而单穗平均病粒数在 2% 以下，其总产量损失控制在 2% 以下。

16.2 技术关键点与难点

此技术通过对侵染源的初步定量后，结合前期温度变化，以

"杀菌剂＋菌核降解"为核心技术，有效控制了水稻病穗部发生的概率。该技术还可减少杀菌剂的用量。

16.3 应用案例与前景

该技术已经在浙江省象山县西周镇进行推广，平均减少杀菌剂使用1次，每亩节约人工费和药剂费用约50元；在严重病害发生年份，与传统防控方法相比每亩增产21%；在一般发生年份每亩增产6.3%。

主要完成单位：浙江大学
技术成熟度：★★★★☆

17 水稻抗白叶枯病基因的挖掘与利用

17.1 成果简介

水稻白叶枯病是世界以及我国各水稻产区的重要病害。该病是由黄单胞水稻变种所引起，因为病原菌变异十分频繁、发生规律也较为复杂、加之地区间差异大，药剂防治效果并不是很佳，从而控制该病虫害的理想途径便是改良水稻品种遗传方式。然而，目前亚洲大部分的抗性品种所携带的抗源主要是 $Xa3$ 与 $Xa4$ 基因，这样的品种抗谱窄、抗性水平也低，若长期使用该单一抗源，极有可能使得抗病品种丧失抗性，病原致病型也随之发生变异，最终导致新致病菌株出现与扩散，引起病害大流行。因此挖掘新基因抗源并将这样的抗源加以利用就成为该病研究的新热点。一般来说，外源抗病基因往往具有抗谱宽、抗病性持久等特性。例如 $Xa21$ 便是一个广谱显性抗性基因，它来源于长药野生稻，目前已被广泛应用于水稻抗病育种实践中。

该课题采用的细胞杂交新种质全部来源于野生稻体，这些细胞杂交新种质将用简单序列反复标记抗性基因，从而进行遗传定位。根据最终的定位结果，采用基因芯片技术，蛋白组学技术进一步对疣粒野生稻抗病相关新基因进行鉴定。根据生物信息学分析相关新基因并设计对应的引物，分别以基因组DNA 与 cDNA 为模板，采用 RT—PCR 或 RACE 法克隆相关新基因。

17.2　技术关键点及难点

难点在于抗性新基因的遗传定位，抗谱鉴定表明，体细胞杂交后代新种质材料 Y73 获得了疣粒野生稻的高抗白叶枯病的特性。另外，利用基因芯片和蛋白组学技术筛选疣粒野生稻抗白叶枯病新基因及抗病机理的研究也是重点。

17.3　应用案例与前景

课题组通过传统和分子育种已获得体细胞杂交后代抗病衍生株系 3 000 多份，在这些株系中经过分子辅助和常规选育获得广谱高抗白叶枯病具有自主知识产权的粳型杂交水稻不育系 1 个，同时获得优质米新品种，2013 年 2 月 17 日已获国家新品种保护。另有 2 个株系参加 2014 年浙江省区域试验。

主要完成人：严成其，杨勇
主要完成单位：浙江省农业科学院，宁波市农业科学研究院
技术成熟度：★★★★☆

18　防治水稻稻瘟病的新型杀菌剂配方及其使用方法

18.1　成果简介

稻瘟病是目前水稻重要病害之一，它可引起大幅度减产，严重时有的可减产 40%～50%，更为严重的甚至颗粒无收。世界各个水稻种植区均有发生。本病以叶部与节部发病为多，根据发病严重性可造成不同程度减产，尤其穗颈瘟或节瘟发生早而重，多数情况下可造成水稻白穗以致绝产。病菌生命力较强，它可以

轻松越冬，越冬方式主要以分生孢子以及菌丝体附着在稻草和稻谷上。翌年便可通过各种途径传播到稻株上，萌发之后再侵入寄主并向邻近细胞扩展发病，形成所谓的中心病株。借助风雨的传播，分生孢子可进行再侵染。

针对稻瘟病的防治，南京农业大学发明了一种新型杀菌剂配方，这种新型杀菌剂配方是采用高效、低毒杀菌剂三环唑（tricyclazole）、戊唑醇（tebuconazole）、苯醚甲环唑（difenoconazole）等 3 种有效成分的相容性杀菌剂配方，其使用方法是通过加工成制剂再兑水喷雾、浸种或洒施的方式来防治水稻稻瘟病。该杀菌剂效力持久，可以做到保护作用、治疗作用与抗产孢作用兼顾，能有效促进水稻生长发育，使得水稻结实率与千粒重显著提高等优点。其专利申请号为 CN201110070400.6。

18.2 技术关键点与难点

三环唑是防治稻瘟病专用杀菌剂，杀菌作用机理主要是抑制附着孢黑色素的形成。戊唑醇是一种高效、广谱、内吸性三唑类杀菌农药，具有保护、治疗、铲除三大功能，杀菌谱广、持效期长。苯醚甲环唑是内吸性杀菌剂，具保护和治疗作用。将三种杀菌剂复配使用值得注意的是其复配比例十分重要。

18.3 应用案例与前景

近年来，各地稻瘟病出现有逐年增加趋势，局部大爆发并不少见，目前，稻瘟病可能发生在任何年份、任何季节。所以，一种有效防治稻瘟病发生的杀菌剂对于水稻的丰收增产是很有必要的，也是很有市场前景的。

主要完成人：周明国，陈长军，王建新，唐正合
主要完成单位：南京农业大学
技术成熟度：★★★☆☆

第二节 玉 米

1 西南地区玉米杂交育种第四轮骨干自交系 18 - 599 和 08 - 641

1.1 成果简介

通过构建"育种用小群体"的方法，四川农业大学有效提高了在育种时新品种中有利基因的频率。采用多种方法可加大生物与非生物强胁迫鉴定，提高鉴定准确性以及选系适应性；采用选系与组合选配同步进行，这样可提高育种的效率，并实现材料与选系方法上的创新，通过这样的方式方法育成了优良的西南地区玉米杂交育种第四轮骨干自交系 18 - 599 和 08 - 641，这两种新品种具有高配合力、繁殖制种产量高、抗病抗逆性强、适应性广、适合适度密植的综合性状。

18 - 599 除了有上述优良性状外，它还具有其他的优势，即幼胚培养胚性愈伤组织的发生率达 75%～80%、胚性愈伤组织的克隆能力达 70%、胚性愈伤组织绿苗的转化率达 60%，它是西南地区玉米转基因工程育种研究领域中最为重要的优良受体自交系。

利用 08 - 641 作为亲本选育了 14 个杂交种，其中粗淀粉含量在 72% 以上的有 12 个，7 个达到了国家二级高淀粉玉米杂交种标准，有 5 个达到一级高淀粉玉米杂交标准，其中最高达 79.6%。

1.2 技术关键点及难点

通过构建"育种用小群体"来提高有利基因型频率。选用多种方法加大生物与非生物强胁迫鉴定，提高鉴定、选择准确性与选系适应性

1.3 应用案例与前景

18 - 599 和 08 - 641 在多次、多组双列杂交试验中，产量显

著高于西南地区广泛使用的其他优良自交系。在四川春播的繁殖制种产量在 3 750 kg /hm² 以上，并出现过 5 250kg /hm² 的记录；08－641 在新疆繁殖制种可高达 7 500kg /hm²。利用 18－599 和 08－641 组配了通过省级以上审定新品种 40 多个，在西南玉米主产区累计推广 450 万 hm²，增产玉米近 30 亿 kg。

主要完成人：荣廷昭，潘光堂，黄玉碧，曹墨菊，高世斌，兰海

主要完成单位：四川农业大学

技术成熟度：★★★★★

2 高配合力优质多抗耐密玉米自交系 698－3 选育与应用

2.1 成果简介

四川以及西南生态区，其地形、气候和土质等生态条件较为复杂，这些地区多为山地丘陵区，旱坡地为主，雨养农业，阴雨寡照，病害尤为严重，所以在这些地区种植玉米对玉米品种的要求较高。此外，四川及西南大部分地区采用的耕种模式为间套种植，要做到多种作物之间平衡增产，全年整体丰收，对玉米的要求不仅仅是产量高与品质优，还对其株型、生育期、抗倒、耐旱等性状有了新的要求。针对上述新要求，此项目以从美国引进的优良玉米品种为材料，采用现代遗传育种技术与现代分析测试技术两种技术相结合，进行了突破性自交系与高产优质杂交玉米新品种的选育。在方式方法上采用增加玉米种植密度来加大选择压力促进有利基因的重组，自交纯合的同时进行配合力测定与多性状同步鉴定，育成了突破性自交系 698－3，该自交系具有集高配、高产、优质、多抗、耐密等优良性状于一体的特性，之后以 698－3 为亲本再次组配出了成单 18、成单 23、正红 6 号等多达

11个高产优质专用的各具特点的玉米杂交种，并通过了审定，实现了推广应用。

2.2 技术关键点及难点

对多个玉米杂交种进行综合性状分析鉴定，选择综合性状表现优异的玉米杂交种作为基础材料进行新系选育，在选育过程中，采用自交和姊妹交交替进行的方式分离自交系，并采用增加种植密度以加大选择压促有利基因重组，自交纯合的同时进行配合力测定和多性状同步鉴定。对所配杂交组合和相应自交株系在不同密度、播期、肥水、生态等条件下，对其产量、抗病性、抗逆性、株型等进行鉴定，同步结合品质分析和南繁加代等，加快育种进程。

2.3 应用案例与前景

该成果在高产、优质、抗病、抗逆性和株型育种上取得重大突破。技术路线先进，创新性强，应用范围广，社会经济效益显著。总体达到国际先进水平。组配出 7 个产量比对照增产 10% 以上的突破性高产杂交种，组配出 2 个高淀粉和 5 个高容重优质专用杂交种。2000—2007 年，该成果组配的 11 个杂交种在四川、重庆、贵州、广西和湖北等省、直辖市、自治区累计推广 2 584.35万亩，增产玉米 7.58 亿 kg，新增纯收益 13.2 亿元，取得了显著的社会经济效益。

主要完成人：唐海涛，张彪，杨俊品，康继伟
主要完成单位：四川省农业科学院作物研究所，国家玉米改良分中心
技术成熟度：★★★★★

3 温—热带种质玉米自交系 YA3237 和 YA3729 选育与应用

3.1 成果简介

该技术针对我国目前玉米种质遗传基础还较为狭窄的实际以及四川特殊地理气候对玉米品种的多样性与广适性迫切要求，创新性地用温带与热带的自交系进行杂交，选育出了温—热带种质自交系与杂交玉米新品种。经过 20 年的努力，育成了兼有温带与热带种质优点的 YA3237 和 YA3729 两个新自交系，同时育成了 10 个优良杂交玉米品种，在生产上得到了推广应用。开创性地育成温—热带种质玉米自交系，创建选系用温—热带种质基础材料，玉米自交系选育方法得到创新，玉米自交系配合力与杂交种选育取得重大突破，创立了青贮玉米在育种方面的新模式。在选育上此技术达国际先进水平。热带种质利用的新途径和温—热带种质自交系选育的新方法不但对国际同行业具有指导意义，青贮玉米育种的新模式也对发展我国青贮玉米育种以及牛奶产业具有重要的推动作用。

3.2 技术关键点及难点

用温带自交系与热带自交系杂交，研究温—热带种质自交系选育的新方法是该技术的关键点和难点。该技术创立了青贮玉米育种的新模式

3.3 应用案例与前景

以 YA3237 和 YA3729 为亲本育成的 10 个优良杂交种，2001—2009 年在四川省和全国累计推广 1 363.5 万亩（其中四川884.7 万亩），新增玉米 5.87 亿 kg，新增纯收益 11.10 亿元，社会经济效益显著。

主要完成单位：四川雅玉科技开发有限公司等
技术成熟度：★★★★★

4 粮用玉米品种金穗 3 号

4.1 成果简介

金穗 3 号品种来源于甘肃白银金穗种业有限公司。其特征特性：生育期为 145～155d，属于中熟品种。株型较为紧凑，株高达 192cm，穗位平均高度为 94cm，果穗长锥形，穗轴紫红色，穗长在 22～25cm，穗粗 4.8cm，穗行数为 16～18 行，行粒数 39 粒左右，单穗粒数基本在 450～600 粒，单株粒重在晒干的情况下 150～190g；籽粒呈黄色，半马齿型，千粒重 381g，出籽率高达 82.6%。籽粒含粗蛋白质 9.9% 左右，赖氨酸含量为 0.34%，粗淀粉可达 73.39%，粗脂肪为 3.88%。优点是抗倒伏，高抗红叶病，缺点是易感丝黑穗病和大斑病，高感矮花叶病。

4.2 种植关键点与难点

（1）上年 10 月前茬收后及早秋翻、施肥、喷药、覆膜，亩施磷酸二铵 25kg、尿素 20kg 作基肥；地面喷洒除草剂防除杂草。（2）4 月中下旬至 5 月初播种，亩保苗 4 000～4 500 株。（3）大喇叭口期追施尿素 10～15kg。（4）在苞叶发黄松动时收获。适宜在海拔 1 800～2 200m 的农业区覆膜种植。

4.3 应用案例与前景

在春播旱地栽培区平均亩产 650kg 左右。该品种中熟，高产、稳产、抗逆，适应性强，配套"全膜双垄玉米丰产栽培技术规范"，使全省玉米栽培区域扩大到海拔 2 200m 的旱地生产区，提高农作物单产 400kg 以上，增值 800 元以上，极大推动了旱地农业的更大发展。2010 年以来，累计推广面积达到 100 万亩，总产量达到 65 万 t，实现产值 16 亿元以上，新增产值 8 亿元，为全省农业经济的发展起到了积极的推动作用。

主要完成单位：青海省农林科学院

技术成熟度：★★★★★

5 丘陵山区玉米高产综合配套技术研究与应用

5.1 成果简介

该项目以研究推广适合丘陵山区玉米高产综合配套技术为出发点，实现丘陵山区玉米的标准化生产，以达到增加产量，提高玉米质量，增加农民收入的目的。首先，集成7项关键技术，即优质品种配套、双膜增温育苗、测土配方施肥、地膜覆盖、规范化移栽、人工辅助授粉以及绿色防控病虫害。其次，制定文字简单、通俗易懂、便于操作的技术方案以及管理标准后，编印成册发放到各种植农户手中，即采用技术＋基地＋农户的全新模式进行大面积推广利用。第三，制定玉米生产标准化操作规程，按操作规程原则进行指导，建立玉米生产示范基地。采取"一换三改四增五促六防"的措施。具体指：（1）更换品种。（2）改变行比、改变播期、改变育苗方式。（3）增加地膜覆盖面积、增加栽植密度、增加配方施肥面积、增加人工辅助授粉面积。（4）双膜增温方格或肥球育苗促苗齐苗壮、巧施磷肥促根系发达、适时攻苞肥促穗大粒多、及时人工辅助授粉促粒多粒重、叶面补肥促粒重。（5）防冻、防旱、防鼠、防病虫、防早衰、防雀鸟。此措施与国内外同类技术相比，它在玉米栽培上重点推广露地直播，或薄膜覆盖直播技术，双膜增温方格育苗，双色膜、降解膜覆盖，规范化改制，缩行增株，人工辅助授粉，以宽窄行排列、拉绳定距、双行单株、苗子分级、错窝打孔、定向移栽、绿色防治病虫害等综合配套技术方面适应丘陵山区气候耕作特点，此措施也是实现抗灾夺高产的重要技术措施，在国内同一生态类型区内处于较先进的地位。

5.2 技术关键点及难点

研究创新双膜增温育苗、宽幅带植、配方施肥、缩行增株、规范化盖膜移栽、人工辅助授粉、病虫绿色综合防治等7项丘陵山区玉米高产综合配套技术，极大地提高了玉米产量和品质。

5.3　应用案例与前景

　　丘陵山区玉米生产综合配套技术利用项目三年来累计推广面积达 181.39 万亩，新增总产量 19 997.34 万 kg，新增总产值 39 994.68万元，新增纯收入 26 062.58 万元。比 2007 年前三年平均亩产提高 66.7kg，全市农民人均增收 140.8 元，年均增收 46.93 元。项目的实施，同时为全市畜牧业、食品工业及酿酒工业的大发展奠定了坚实的物质基础。为农民实现粮食转化增值发挥了重要作用。将增产的玉米饲喂生猪，计算转化增值，累计新增产值 66 650 万元，产生了重要的社会效益。四川多丘陵田地，该技术可在全省广泛推广应用。

主要完成人：李俭昌，鲜雄章，李如平，陈昌华
主要完成单位：巴中市农业技术推广站
技术成熟度：★★★★★

6　高产优质多抗玉米新品种雅玉 10 号

6.1　成果简介

　　该课题育成的雅玉 10 号（YA972）是采用自交系 3237 作母本，通过与引进系 200B 为父本于 1997 年杂交育成的杂交新品种，此品种具有高产、稳产、优质、抗病、抗倒、适应性广等众多特点。经过历年的试验与示范表明，雅玉 10 号穗大粒多，千粒重可观，出籽率较高，丰产性好。稳定性分析表明，雅玉 10 号属高产、稳产型品种。籽粒为黄色，马齿型，品质较好，经品质检验判定为 3 个一等，2 个二等。即普通玉米型一等，淀粉发酵工业用玉米型一等，饲用玉米型一等，食用级别玉米二等，高淀粉玉米型二等。经人工接种鉴定，该品种抗大、小斑病，丝黑穗病，矮花叶病，纹枯病，高抗茎腐病。株型属于半紧凑型，中高秆，茎秆坚韧，支持根系较为发达，抗倒伏和倒折，并且较耐

旱。生育期属中熟，在四川春播生育期在 115～120d，从播种到成熟有效积温 1 350～1 400℃。

6.2 技术关键点及难点

原种一代（含二代）扩繁 3 个步骤。制种时，选择隔离安全、地势平坦、土质肥沃、地力均匀、排灌方便的地块制种，空间隔离要求与其他玉米地相距不少于 300m。合理调节父母本的花期。及时去杂去劣，去雄要及时，母本可带 1～2 叶去雄。及时收获，父、母本分收，母本果穗脱粒前进行穗选，淘汰杂劣穗，脱粒后进行清选，分级贮藏种子。栽培技术要点：适宜春播，在四川省每亩密度 3 200～3 600 株为宜。重施底肥和穗肥，氮肥和磷、钾肥配合施用，增施有机肥。及时防治病虫害。

6.3 应用案例与前景

1998—2000 年参加四川省区试，27 点次平均亩产 481kg，比川单 9 号增产 15.65%；2000 年生产试验，7 试点平均亩产 480kg，比川单 9 号增产 15.5%。生产示范，一般亩产在 400kg 以上。2002 年四川西南科联种业有限责任公司在内江市东兴区顺河镇天宫村进行了雅玉 10 号玉米新品种大田生产示范，面积 300 余亩。平均亩产 447.6kg。比成单 14 平均每亩增产 120.9kg，增产 37.0%。适合在云南、贵州、四川、重庆、湖北、广西等西南玉米区春播种植。

主要完成单位：四川省雅安市玉米研究开发中心，四川雅玉科技开发有限公司

技术成熟度：★★★☆☆

7 玉米新品种邡玉 1 号

7.1 成果简介

该项目育成新品种邡玉 1 号（区试用名为 bS07 - 2），是用

自选系 bS1172（由大竹县益民玉米研究所提供）和自交系 1572（山西省农业科学院谷子研究所提供）组配而成。其特征特性为：中熟，可在四川山区春播，从播种到成熟，全生育期在 135d 左右。平均株高 256cm，穗位高 107cm，幼苗呈绿色、长势较强，成株整齐，株型属半紧凑型。单株总叶在 21 片左右；雄穗大小适中，分枝在 7～14 个花药（新鲜花药）之间，花丝颜色浅紫。果穗为长筒形，穗长 20cm，平均穗行数 17.1，行粒数 37.4 粒，穗粗 5.4cm，穗轴呈白色，百粒重 30.9g。籽粒为黄色马齿型。2010 年经成都粮油食品饲料质量监督检验测试中心对 bS07－2 品质进行分析表明，该品种的粗蛋白含量 9.2%，粗脂肪含量为 4.36%，粗淀粉含量高达 71.3%，赖氨酸含量较低为 0.29%，容重 713（G/l）。在经四川省农业科学院植保所接种鉴定后可知，郝玉 1 号中抗大、小斑病，高感茎腐病、感丝黑穗病、纹枯病以及玉米螟。在 2010 年的四川省玉米新品种山区组生产试验中，bS07－2 平均产量为 543kg/亩，比对照组川单 15 平均产量 478.6 kg/亩，增产 13.47%。

7.2　技术关键点及难点

宜春播，四川一般在 3 月中旬到 4 月中旬播种为好。密度以 2 800～3 200 株/亩为宜。该组合属于大穗型品种，幼芽顶土力强，出苗较好，对肥水条件要求比较高，苗期特别注意苗全、苗齐、培育苗壮；施肥技术主要是重施底肥，轻施拔节肥，重施攻苞肥，氮、磷、钾肥配合使用。及时中耕除草，及时防治病虫害。一般总施肥量每亩纯氮（N）20kg、磷（P_2O_5）10kg、钾（K_2O）12kg 左右。加强田间管理，抓好全苗，确保密度，及时防治病虫害，适期收获。适合四川省山区种植，与小麦、甘薯间套种植或单作。

7.3　应用案例与前景

玉米新品种郝玉 1 号在四川省玉米新品种山区组生产试验效果良好，产量高，抗病效果好，经推广应用，促进粮食增收，带来很好的社会经济效益。

主要完成人：张必胜，郑光跃，尹宇杰，陈健，张碧友，黄世超，吕向阳

主要完成单位：大竹县益民玉米研究所，四川郝牌种业有限公司，山西省农业科学院谷子研究所

技术成熟度：★★★☆☆

8 优良杂交玉米品种耕源 1 号

8.1 品种简介

云南农业大学玉米研究所经过多年的刻苦攻关，最终选育出一批适用于我国不同生态区域的优质玉米新品种，耕源 1 号便是其中之一。品种来源：采用自育自交系杂交选育而成的玉米单交种，云南农业大学拥有自己的知识产权。

耕源 1 号特征特性：经测试该品种属于中熟种，生育期为117d，株型披散，株高达 260cm，穗位高达 122cm，茎粗为2.6cm；穗长为 24.7cm，穗粗为 4.7cm，穗行数为 14 行，行粒数为40.3粒；果穗呈圆锥形，籽粒较硬，呈金黄色，千粒重达380g。抗大、小斑病、锈病以及丝黑穗病。产量表现：经测试，专家组现场验收平均亩产 600～700kg。种植密度：最适种植密度为每亩 3 800 株。适应地区：该品种适合在云南省海拔1 700m的地区种植。

8.2 种植关键点与难点

春玉米在 2 月 25 日至 3 月 10 日内全面实行养坨或塑料软盘育苗，覆膜保温保湿，要在 4 月 5 号前移栽完毕。5 月底前全面播种结束，确保抽穗扬花期避开高温伏暑。合理密植，种植密度在每亩 3 800 株左右，合理施肥，春玉米应亩施纯氮 15～17kg，五氧化二磷 8～9kg，氧化钾 13～15kg，做到重施底肥，巧施苗

肥。在病虫防治上要根据病虫发生情况，选对路农药。此品种适合在海拔 1 700m 的地区种植。

8.3 应用案例与前景

试验种植阶段经过专家组现场验收平均亩产 600～700kg。

主要完成单位：云南农业大学，昆明耕源玉米育种有限责任公司

技术成熟度：★★★☆☆

9 优良杂交玉米品种耕源早 1 号

9.1 品种简介

耕源早 1 号品种来源：采用自育自交系杂交选育而成的玉米单交种，是云南农业大学培育出来的新品种，拥有自己的知识产权。

特征特性：此品种是早熟耐旱玉米单交种。生育期在 90～110d（海拔不同播种时间有差异），株高在 160～210cm，穗位高在 57.1～80cm，穗长在 15.4～17.6cm，穗粗 4.4cm，穗行数在 14～16 行，行粒数 30 粒左右；果穗呈圆锥形，籽粒中硬，呈金黄色，千粒重在 290g 左右，出籽率高达 82%。抗大、小斑病、锈病、丝黑穗病以及穗粒腐病。产量表现：在种植区测试，经专家组现场验收平均亩产 385～560kg。种植密度：较适宜的密度应在每亩 4 000～4 200 株。适应地区：适合在云南省海拔高度 2 100～2 600m 的地区种植。不过海拔在 2 100m 以下的建议用于套种、秋种、备荒用种。

9.2 种植关键点与难点

适时早育，增温育苗，春玉米在 2 月 25 日至 3 月 10 日内全面实行养坨或塑料软盘育苗，覆膜保温保湿，要在 4 月 5 号前移栽完毕。合理密植，种植密度在每亩 4 000～4 200 株，合理施

肥，重施底肥，一般亩施有机肥 1 500～2 500kg，复合肥 50kg，硫酸锌 2kg，人畜粪水 1 500～2 000kg，底肥用量占总施肥量的 70％左右。后期注意病虫害的防治。此品种适合在海拔 2 100～2 600m 的地区种植。

9.3　应用前景与案列

试验种植阶段经专家组现场验收平均亩产 385～560kg。

主要完成单位：云南农业大学，昆明耕源玉米育种有限责任公司

技术成熟度：★★★☆☆

10　优良杂交玉米品种耕源 14 号

10.1　品种简介

耕源 14 号品种来源：采用自育自交系杂交选育而成的玉米单交种，此品种由云南农业大学培育而成，拥有自己的知识产权。

特征特性：此品种属于早熟品种，生育期在 106d 左右，株型属于半紧凑型，株高 255cm，穗位高 81cm，茎粗 3.0cm；穗长 20.6cm，穗粗 4.5cm，穗行数 14 行，行粒数 43.7 粒；果穗呈圆锥形，籽粒硬粒，呈金黄色，千粒重为 373g。抗大、小斑病、锈病以及丝黑穗病。产量表现：在种植区测试，经过专家组的现场验收平均亩产量为 650kg。种植密度：最适密度为每亩 4 000 株。适合在云南省海拔 1 800m 的地区进行种植，并可作为青贮饲料种植。

10.2　种植关键点与难点

适时早育，增温育苗；施足底肥，地膜覆盖；规范移栽，确保密度；全面推广拉绳定距，双行单株，错窝打孔，分级定向移栽，株距根据品种而定，一般窝距 16.5～22.1cm，窄行行距

40cm，种植密度每亩 4 000 株，此品种适合在海拔 1 800m 的地区种植。

10.3 应用前景与案列

试验种植阶段经专家组现场验收平均亩产 650kg。

主要完成单位：云南农业大学
技术成熟度：★★★☆☆

11 优良杂交玉米品种耕源 135

11.1 品种简介

耕源 135 品种来源：采用自育自交系杂交选育而成的玉米单交种，此品种由云南农业大学培育而成，拥有自己的知识产权。

特征特性：该品种属中熟种，生育期在 115d，株型属于半紧凑型，株高 243cm，穗位高 73.9cm，茎粗 2.72cm；穗长 19.2cm，穗粗 5.6cm，穗行数 16 行，行粒数 38 粒；果穗呈圆筒形，籽粒中硬，呈黄红色，千粒重 420.2g。抗大、小斑病、锈病以及丝黑穗病。产量表现：在种植区测试，经过专家组现场验收其平均亩产量为 600～760kg。种植密度：每亩 3 800 株。适应地区：适合在云南省海拔 800～2 200m 的地区种植（会单 4 号种植区此品种适应性极广）。

11.2 种植关键点与难点

春玉米在 2 月 25 日至 3 月 10 日内全面实行养坨或塑料软盘育苗，覆膜保温保湿，要在 4 月 5 号前移栽完毕。合理密植，种植密度在每亩 3 800 株，合理施肥，重施底肥，一般亩施有机肥 1 500～2 500kg，复合肥 50kg，硫酸锌 2kg，人畜粪水 1 500～2 000kg，底肥用量占总施肥量的 70% 左右。后期注意病虫害的防治。此品种适合在海拔 800～2 200m 的地区种植。

11.3 应用前景与案列

试验种植阶段经专家组现场验收平均亩产 600～760kg。

主要完成单位：云南农业大学，昆明耕源玉米育种有限责任公司

技术成熟度：★★★☆☆

12 饲用（青贮）玉米品种纪元 8 号

12.1 成果简介

纪元 8 号品种来源于河北新纪元种业有限公司。特征特性：属于中晚熟玉米品种，生育期在 155～165d，生长期（出苗到青秸秆收割期）135～150d。株型属紧凑型，株高较高，为 270cm，穗位高 108cm，果穗呈圆筒形，穗轴颜色为淡紫色，穗长在 20～22cm，穗粗 5.0cm，穗行数在 13～16 行，行粒数 40 粒左右，单穗粒数在 420～620 粒，单株粒重在 190～220g；籽粒呈橘黄色，半马齿型，千粒重 395g，出籽率高达 84.1%。籽粒粗蛋白质含量为 9.6%，赖氨酸含量为 0.32%，粗淀粉含量为 73.1%，粗脂肪含量为 3.55%；其中青秸秆含粗蛋白质 7.88%，中性洗涤纤维为 50.79%，酸性洗涤纤维为 25.53%，达到青海省青贮玉米品种审定的品质标准以及国家二级青贮玉米品质标准。其品种高抗大、小斑病，中抗灰斑病、锈病和穗腐病。

12.2 种植关键点与难点

（1）上年 10 月前茬收后及早秋翻、施肥、喷药、覆膜，亩施磷酸二铵 25kg、尿素 20kg 作基肥；地面喷洒除草剂防除杂草。（2）4 月中下旬至 5 月初播种，合理密植，亩保苗 5 000～6 000 株。（3）大喇叭口期追施尿素 15kg。（4）在乳熟末期蜡熟初期（植株含水量 65%～70%）时收割、青贮。适合在海拔 2 000～2 500m 的农业区覆膜种植。

12.3 应用案例与前景

在春播旱地栽培区每亩生物学产量 5 000～6 500kg。该品种青秸秆（干体）比禾本科和豆科饲草每亩增产 1 000～1 400kg，增幅 150％以上；亩增值 160～880 元，增幅 36.1％以上；亩增质（粗蛋白质）0～104kg，增幅 12.5％以上，属于高产高值高质型饲用玉米新品种。今后加大该品种的试验示范推广的力度，尽快尽早应用到实际生产中，充分发挥品种的优势，将会有力地推动全省饲用玉米的发展，不断满足发展畜牧业对优质饲草料的需求。这完全符合 2015 年省委省政府一号文件和政府工作报告中"退粮改饲和大力发展人工饲草和农区畜牧业"的政策导向，也将是玉米产业发展的又一大优势趋向。

主要完成单位：青海省农林科学院
技术成熟度：★★★☆☆

13 青农 11（鲁农审 2015001 号）

13.1 成果简介

青农 11 玉米新品种，其审定编号为：鲁农审 2015001 号；育种者：青岛农业大学与北京亘青种子有限公司。品种来源：其组合为母本 QN2-433 与父本 QN15。特征特性：在 2014 年进行田间试验夏播生育期平均 109d，这个生育期与郑单 958 相当。其他区域试验结果：该品种株高 252cm，穗位 92cm，倒伏率与倒折率较低，分别为 0.4％和 0.5％。果穗呈筒形，穗长平均 17.5cm，穗粗 4.7cm，秃顶占 0.5cm，穗行数平均16.2 行，穗粒总数为 567 粒，穗轴呈红色，籽粒呈黄色、马齿型，出籽率高达 87.3％，千粒重 307g，容重每升 734g。在2013 年，经河北省农林科学院植物保护研究所进行抗病性接种鉴定，该品种抗大、小斑病，高感弯孢叶斑病，感茎腐病、瘤黑粉病以及矮花叶病。

13.2 种植关键点与难点

适宜密度为每亩 5 000 株左右，其他管理措施同一般大田。适合在全省地区作为夏玉米种植。弯孢叶斑病高发区慎用。

13.3 应用案例与前景

在 2012—2013 年全省夏玉米品种区域试验中，两年平均亩产 662.9kg，比对照郑单 958 增产 8.5%，21 处试点全部点增产；2014 年生产试验平均亩产 712.2kg，比对照郑单 958 增产 7.0%。

主要完成单位：青岛农业大学、北京亘青种子有限公司

技术成熟度：★★★☆☆

14 金王紫糯 1 号（鲁农审 2013017 号）

14.1 成果简介

金王紫糯 1 号玉米新品种，其品种来源为一代杂交种，组合为母本 jw762 与父本 jw665。该品种审定编号为鲁农审 2013017 号。品种特征特性：金王紫糯 1 号株型属紧凑型，全株叶片数为 18 片，幼苗叶鞘呈绿色，花丝与花药同为绿色。区域试验结果：鲜穗采收期为 72d，株高 258cm，穗位 95cm，倒伏率为 0.6%，无倒折。果穗呈短锥形，商品鲜穗穗长为 21.2cm，穗粗 4.7cm，秃顶占 1.5cm，穗粒数达 498 粒，商品果穗率为 83.8%，穗轴白色，鲜穗籽粒呈淡紫色，果皮中厚。在 2012 年，经过河北省农林科学院植物保护研究所抗病性接种鉴定：金王紫糯 1 号抗小斑病，高抗瘤黑粉病，抗矮花叶病，高感大斑病，感弯孢叶斑病。也是在 2012 年，对该品种的鲜穗籽粒（适宜时期采收取样）品质分析（干基）：粗蛋白与淀粉含量分别为 11.48% 和 52.53%，粗脂肪为 3.92%，赖氨酸为 0.49%，可溶性固形物

（湿基）为 11.50％。

14.2 种植关键点与难点

适宜密度为每亩 4 000 株左右，应与其他类型玉米品种隔离种植，其他管理措施同一般大田。在全省适合作为鲜食专用紫糯夏玉米种植，大斑病高发区慎用。

14.3 应用案例与前景

在 2011—2012 年全省鲜食夏玉米品种区域试验中，两年平均亩收商品鲜穗 3 558 个，亩产鲜穗 1 005.3kg。

主要完成单位：青岛农业大学、济南金王种业有限公司
技术成熟度：★★★☆☆

15 金王花糯 2 号（鲁农审 2013015 号）

15.1 成果简介

金王花糯 2 号玉米新品种，其品种来源为一代杂交种，组合为母本 jw764 与父本 jw663。品种审定编号：鲁农审 2013015号。品种特征特性：株型属紧凑型，全株叶片数 18 片，幼苗叶鞘呈绿色，花丝与花药同样呈绿色。区域试验结果：鲜穗采收期为 73d，株高 263cm，穗位 99cm，倒伏率为 0.9％、倒折率0.1％。果穗呈长锥形，商品鲜穗穗长为 20.1cm，穗粗 4.5cm，秃顶占 1.6cm，穗粒数达 488 粒，商品果穗率为 87.2％，穗轴白色，鲜穗籽粒呈紫白色，果皮中厚。在 2012 年，经过河北省农林科学院植物保护研究所抗病性接种鉴定：金王花糯 2 号中抗小斑病，高抗瘤黑粉病，中抗矮花叶病，感大斑病与弯孢叶斑病。在同一年对鲜穗籽粒（适宜时期采收取样）品质分析（干基）：粗蛋白与淀粉含量分别为 11.24％和 58.55％，粗脂肪为4.20％，赖氨酸为 0.41％，可溶性固形物（湿基）为 9.10％。

15.2 种植关键点与难点

适宜密度为每亩 4 000 株左右，应与其他类型玉米品种隔离种植，其他管理措施同一般大田。适合在全省适宜地区作为鲜食专用花糯夏玉米种植利用。

15.3 应用案例与前景

在 2011—2012 年全省鲜食夏玉米品种区域试验中，两年平均亩收商品鲜穗 3 730 个，亩产鲜穗 1 004.8kg。

主要完成单位：青岛农业大学、济南金王种业有限公司
技术成熟度：★★★☆☆

16 玉米病虫害防治技术

16.1 成果简介

玉米是种植技术要求较低但其营养价值较高的一种粮食作物，对于山西来说，玉米是其主要的粮食作物之一，省内多个地区都在进行玉米的种植，长治沁源便是玉米主产地区之一。而本技术就是以该地区玉米种植过程中易出现的病虫害种类进行分析，并通过分析提出了相应的防治措施。

在玉米的整个生长过程中，任何阶段都很容易出现病虫害从而影响玉米最终的产量，给农民带来经济上较大的损失。研究发现，本地区常见的玉米病虫害有玉米旋心虫、玉米丝黑穗病以及玉米螟等，这 3 种玉米病虫害是本技术主要进行防治的对象。玉米丝黑穗病的防治有以下几点：首先，正确选用具有抗性的品种，即具有抗黑穗病的品种。其次，在播种时，可以给玉米种子进行包衣，种衣剂的成分可采用多菌灵、克百威等。第三，为进一步防止玉米黑穗病的发生还可以采取相应的一些农业措施，例如避开该病的病发高峰期进行玉米栽种，或可对玉米的品种进行提纯复壮，亦可采取轮作的方式进行种植。在玉米螟的防治方面，可采取以下防治技术：（1）对越冬虫源进行消灭。（2）在一定时期进行药剂防治。（3）进行必要的生物防治。研究发现，玉米旋心虫的病虫害只要发生就很难治愈，所以这种病主要是以预防为主，其措施是：首先，播种前做好包衣措施，这样可以减少病菌感染的概率；其次，在品种选择上，选用具有抗性的玉米品种；第三，选择适当的杀虫剂定期进行喷洒。

16.2　技术关键点与难点

在3种主要的病虫害防治方面，最重要的一点是要做好品种的选择，选择具有抗性的品种，对最终玉米的产量有较大的影响。其次便是药物的使用，每一种病虫害所使用的药物也有所不同。

16.3　应用案例与前景

玉米是我国主要粮食作物之一，在我国玉米种植面积较广，然而由于玉米病虫害的危害，玉米的产量受到严重的影响，所以必须进行病虫害的防治工作。采用上述技术方法，可以有效地对玉米的一些病虫害进行防治，其效果较为显著。

主要完成人：孙红丽
主要完成单位：山西省长治沁源县农业技术推广中心
技术成熟度：★★★☆☆

17　玉米栽培及病虫害防治

17.1　成果简介

作为常见粮食作物之一的玉米来说，其产量和品质近些年来正在逐渐提升，玉米质量的优劣不仅可以影响我国经济，还可直接影响到我国的粮食安全，所以发展玉米栽培以及病虫害防治技术，这不但能够从根本上保证我国粮食安全，还可以保障农业经济的稳定发展，从而促成我国经济长期可持续的发展。

玉米栽培：（1）选种方面，玉米品种的好坏直接决定了后期玉米的产量，所以玉米栽培最重要的一点就是要选好品种，当然玉米品种以及种子的选择也要根据各个玉米种植区的实际情况来进行，要结合当地的土壤条件、气候条件以及水文条件等综合因素进行考虑。（2）下种方面，玉米的种植密度，在玉米的生长过程中也相当重要，科学的定植密度能够保证玉米的产量以及质量不受影响，合理的密度能确保玉米种吸收营养以及水分的相对均匀。（3）管理方面，玉米的田间管理十分重要，主要包含两个环节，第一个环节在幼苗期，主要是幼苗期的土地管理，第二个是抽穗期玉米的一个管理。田间管理也包括玉米的病虫害防治，主要重点应在播种前、播种时、幼苗期以及生长期等阶段做好病虫害的防治工作，选择科学的技术或者有效的药物进行整个过程的防治。

17.2　技术关键点与难点

选择具有抗性的玉米种子较为重要，同时，种子的经销商都会在玉米种子外部包裹一层包衣，这层包衣不会对玉米种子本身有伤害，但却有较高的杀虫毒性，以确保种子在土壤中能够正常发芽，抵御土壤中的病虫侵害。另外，在播种前，需要对将要播种玉米的地块进行封闭处理，封闭处理需要利用伊秀悬浮剂。最后，幼苗期最主要和严重的病害就是玉米褐斑病，因此应当制定以预防为主的防治对策，可在玉米幼苗期喇叭口阶段将烯唑醇等药剂以 12.5% 的浓度 2 500 倍混合，做好预防。

17.3　应用案例与前景

此技术主要针对玉米的栽培及病虫害的防治进行了相关方面的分析和探讨，随着我国经济的发展，各地区的农业都取得了长足的进步，玉米种植也获得了喜人的成就，产量和质量逐年上升，在进行玉米栽培的过程中，要时刻关注玉米栽培相关技术的发展，及时引进先进栽培和病虫害防治技术，让玉米种植为我国

经济带来全新的推动力，同时也推动我国农业的长远发展

主要完成人：曹东亮，韩俊哲

主要完成单位：河南省沈丘县刘庄店镇政府村镇发展中心，河南省沈丘县刘庄店镇农业服务中心

技术成熟度：★★★☆☆

第三节 小 麦

1 小麦种质资源重要育种性状的评价与创新利用

1.1 成果简介

随着气候环境变得越来越恶劣，在小麦栽培上新的病、虫、逆境等灾害时常发生；并且随着超高产、稳产以及强化育种等新时期小麦育种目标的提出，迫切要求建立小麦种质资源高效评价技术体系，并要求创新出符合这一新时期的优异种质。全国小麦种质资源研究优势单位，历时十年取得了如下成果：（1）首次从理论研究上揭示了地方品种在一定程度上具有广适性与持久性的遗传机制，同时鉴定出了符合新时期新时代育种目标的优异种质多达155份。针对新时期小麦育种的需求，对现有库存中的小麦种质资源进行了较为全面系统的分析。（2）针对有待评价的资源数量大、群体小以及生育期不同等特点，首次研制了8项符合小麦种质资源特殊要求的新技术。（3）这期间创制新种质达28份，发掘出新基因或QTL36个。其中优异种质资源及其新基因在解决育种和生产实际问题中成效显著。

1.2 技术关键点及难点

研制能够对小麦在同一生长季节内对众多种质资源的多个性状同时进行评价的技术，提高评价的效率。从理论上揭示地方品种具有广适性、持久性的遗传机制。将抗病、虫、逆境的优异基因转入普通小麦并保持其遗传稳定性。

1.3　应用案例与前景

通过在 7 个生态试验点的田间展示，向全国 116 个育种和科研单位分发各类种质资源 21 000 余份。利用本项目提供的优异种质培育新品种 38 个，累计种植面积 1.64 亿亩，取得社会经济效益 90.2 亿元，有力推动了我国小麦种业与种质资源学科的发展。

主要完成人：李立会，李杏普，蔡士宾，吉万全，李斯深，安调过等

主要完成单位：中国农业科学院作物科学研究所，河北省农林科学院粮油作物研究所，江苏省农业科学院，西北农林科技大学，山东农业大学，中国科学院遗传与发育生物学研究所，四川农业大学

技术成熟度：★★★★★

2　人工合成小麦优异基因发掘与川麦 42 选育推广

2.1　成果简介

川麦 42 是人工合成小麦以及普通小麦杂交之后育成的聚高产、广适及抗条锈的小麦新品种。采用小麦全基因组的 1 029 个 SSR 标记进行扫描，检测了人工合成小麦的导入位点，并利用川麦 42 与四川小麦品种川农 16 构建了 127 个重组自交系（RIL，F_8），并分析了人工合成小麦导入位点对小麦产量以及产量构成因子的遗传效应，最终在川麦 42 中发现一个人工合成小麦导入位点 Barcl 183，该位点的遗传背景具有高产的特性。根据这个位点的分子标记，将 RIL 群体中的 127 个株系分为川麦 42 基因型以及川农 16 基因型两组。川麦 42 基因型的人工合成小麦导入位点能促进分蘖能力，提高有效穗数、每平方米粒数，增加收获指数、籽粒生产率。该成果通过利用人工合成的小麦资

源，率先育成了川麦 42、川麦 38、川麦 43 和川麦 47 等 4 个小麦新品种，并且川麦 42 与川麦 43 还被认定为国家审定的突破性品种。在四川省区试和国家区试中川麦 42 分别比对照川麦 107增产 22.8％、16.4％，且该品种为四川省小麦区试有史以来亩产突破 400kg 的唯一新品种，实现了成都平原千亩平均亩产超500kg 水平，创造了亩产 590kg 的西南麦区高产记录。

2.2 技术关键点及难点

关键在于对发芽的幼嫩叶片进行 DNA 提取并进行 SSR 分子标记，分析 SSR 分子数据和农艺性状数据之间的相关性，找到高产性状的人工合成小麦导入位点。然后进行高产 Barc1 183 位点的染色体定位。

2.3 应用案例与前景

川麦 42 等为四川及国家主导品种，示范推广效果显著，取得了重大的社会经济效益，仅四川省 2004—2009 年累计推广2 900多万亩，新增小麦近 9 亿 kg，新增纯收益 15.67 亿元。研究成果使我国在人工合成小麦育种应用方面居国际领先水平。

主要完成人：杨武云，汤永禄，卢宝荣，黄钢，彭正松，胡晓蓉，余毅，李俊，邹裕春，李朝苏

主要完成单位：四川省农业科学院作物研究所，复旦大学，西华师范大学，重庆市农业科学院

技术成熟度：★★★★★

3 高产优质抗病春小麦新品种青春 38 的选育及推广

3.1 成果简介

青海省农林科学院作物所采用国外优异资源以及自育品种通过品种间有性杂交，结合花药培养与温室加代快繁技术选育而成

了青春 38 小麦。该品种于 2005 年 12 月通过了青海省农作物品种审定委员会审定，属高抗条锈与叶锈，白粉病免疫品种。该品种芽鞘呈绿色，幼苗期半直立；株高 89.00cm，株型属紧凑型，单株平均分蘖数 0.53 个，分蘖成穗率达 74.30%，穗粒数 46.90 粒，小穗密度适中，穗密度指数为 22.00。穗纺锤形、顶芒、白色。成熟时籽粒呈椭圆形、颜色红色、颗粒饱满。千粒重 44.30g，籽粒容重在 816g/L，籽粒角质，粗蛋白质含量为 14.09%，湿面筋为 29.10%，淀粉含量为 66.30%，面团稳定时间长达 4.3min。抗倒伏与条锈，成熟时期口紧不易落粒，落黄好。播种期播种量范围 16.00~20.00kg/亩，后期可保苗 30.00 万~35.00 万/亩，最终总茎数可控制在 55.00 万~60.00 万/亩。由于该品种具有产量高、品质好、抗病以及适应能力强等优势，近几年在省内外得到迅速推广，最终效果较好，并得到广大农民群众的好评。

3.2 种植关键点与难点

播种量 16.00~20.00kg/亩，保苗 30.00 万~35.00 万/亩，总茎数 55.00 万~60.00 万/亩。青春 38 适合在海拔 2 400~2 700m 的中高位山旱地种植。

3.3 应用案例与前景

截止到 2011 年，青海省累计种植青春 38 小麦 72.53 万亩，最高亩产达到 672kg；向省内外累计推广面积 174.27 万亩，累计新增总产量 11 098.16 万 kg，新增产值 17 757.05 万元。

主要完成单位：青海省农林科学院
技术成熟度：★★★★☆

4 冬小麦兰天 15

4.1 成果简介

兰天 15 是青海省农林科学院作物所 2003 年从兰州商学院小

麦研究所引进高代品系 95-62-1 系统育制而成，其杂交组合为
Ibis 与兰天 10 号。从性状上看，该品种属普通小麦 Var：
Lutesens AL 变种。青海省第七届农作物品种审定委员会于 2007
年 12 月 19 日第三次会议审定通过了此品种，品种合格证号（青
审麦 2007003）为青种合字第 0224 号。

芽鞘呈绿色，幼苗时期半匍匐，呈绿色，无茸毛。叶耳呈白
色，叶色绿，叶相中间。株高 107.00～113.00cm，株型属紧凑
型，单株分蘖数 0.32～0.34 个，分蘖成穗率 32.54%～
41.06%，穗下节长 36.69～44.51cm。穗长 6.38～8.12cm，每
穗小穗数 15.49～18.31 个，穗粒数 32.97～43.43 粒。穗长方
形、顶芒、白色，颖壳白色、无茸毛，护颖长方形，颖嘴鸟嘴
形，颖脊明显到底。籽粒呈椭圆形、红色，腹沟浅窄，冠毛少。
千粒重 43.50～47.90g，籽粒容重 774.10～793.90g/L，籽粒角
质，粗蛋白质含量为 14.05%，湿面筋 30.94%。该品种属冬性
中熟品种，生育期在 281～289d，抗条锈与倒伏，成熟期口紧不
易落粒，落黄好。

4.2 种植关键点与难点

该品种根系发达，适宜在中上等肥力的地块种植。深翻灭
茬，精细整地结合秋深翻施有机肥，适合在青海省黄河流域热量
条件较好的水浇地种植。

4.3 应用案例与前景

常年种植面积稳定在 4 万亩左右，亩产量 427.8kg～
611.3kg，平均亩产 468.07kg，比当地主栽品种平均亩产
410.71kg 平均增产 13.91%，平均亩增产量 57.36kg，累计增加
粮食 229.4 万 kg，每 kg 按 2.00 元计算，平均亩增产值 114.7
元，新增总产值 458.8 万元。冬小麦品种兰天 15 的示范推广实
现了全省冬小麦品种的更新，在热量条件较好的湟水河流域水浇
地种植，群众反映收割期恰好躲过秋季大量的降雨时段，籽粒饱
满，面粉口感好。

主要完成人：谢德庆

主要完成单位：青海省农林科学院

技术成熟度：★★★★☆

5 青麦 6 号（鲁农审 2007046 号）

5.1 成果简介

青岛农业大学以莱州 137 为母本，978009 为父本杂交育成了青麦 6 号，该品种于 2007 年通过山东省的审定，其审定编号为鲁农审 2007046 号。该品种越冬性强，熟期较早，属半冬性小麦品种；此外，该品种具有极强的抗旱性、抗病性以及耐盐性。株型较为紧凑，中抗倒伏，熟相好，幼苗时期半匍匐。两年区域试验结果显示：该品种生育期 233d，相比鲁麦 21 号早熟 1d；株高为 76.1cm；每亩最大分蘖 89.5 万，穗粒数平均 35.5 粒，千粒重 39.8g，容重为 796.7g/L；穗长方形，长芒、白壳、白粒，硬质，籽粒饱满。中抗白粉病，中感纹枯病及秆锈病，高感条锈病与赤霉病，这是 2007 年中国农业科学院植保所抗病性鉴定结果。2006—2007 年之间生产试验统一取样后经农业部谷物品质监督检验测试中心（泰安）测试：籽粒蛋白质含量 12.7%、湿面筋 28.7%、沉淀值为 23.7mL、吸水率为 60.2mL/100g、稳定时间为 6.3min、面粉白度 72.6。适合在青海省旱肥地块种植利用，栽培时可根据青麦 6 号的品种特点，搞好试验示范与配套技术的推广，确保优质高产。

5.2 种植关键点与难点

（1）深耕细耙，平地打畦，要求耕前粗平，耕后耖平，作畦后细平。（2）适期适量播种、建立合理的群体结构，该品种在山东适宜播期 10 月 5～10 日，播种量一般每亩 8～9kg，适宜基本苗每亩 12 万～15 万。（3）增施有机肥、配方施肥，实施氮肥后移，施用基肥标准：亩施有机肥 5 000kg，纯氮 9kg，五氧化二磷 11.5kg（按五氧化二磷折算为 25kg 磷酸二铵），氧化钾 75kg，硫酸锌 1kg，缺硼的地块用硼砂 0.5kg。

5.3 应用案例与前景

该品种参加了 2005—2007 年山东省小麦品种旱地组区域试验，两年平均亩产 427.93kg，比对照品种鲁麦 21 增产 6.81%。2006—2007 年旱地组生产试验，平均亩产 396.46kg，比对照品种鲁麦 21 增产 6.53%。在 2010 年和 2012 年创出旱地全生育期无浇水情况下千亩方和百亩方平均亩产 620.7kg 和 703.5kg 的高产纪录。2013—2015 年连续三年创造盐碱地小麦高产纪录，2015 年东营市垦利县黄河口镇实打平均亩产 547.82kg。

主要完成单位：青岛农业大学

技术成熟度：★★★★☆

6 青麦 7 号（鲁农审 2009061 号）

6.1 成果简介

青麦 7 号是青岛农业大学以烟 1604 为母本与 8764 为父本杂交组合，经多代系选育而成的冬性抗旱小麦新品种，此品种于 2009 年通过了山东省品种审定。

青麦 7 号属半冬性，幼苗期匍匐。两年平均区域试验结果：生育期为 236d；株高为 76.4cm，株型属紧凑型，中抗倒伏，熟相较好；亩最大分蘖可达 87.9 万，有效穗 42.0 万，分蘖成穗率为 47.7%；穗纺锤形，穗粒数为 33.5 粒，千粒重 38.9g，容重为 774.3g/L；长芒，壳与粒都呈白色，籽粒较饱满、硬质。中国农业科学院植保所在 2009 年的抗病性鉴定结果：该品种中感条锈病，高感叶锈病、白粉病、赤霉病以及纹枯病。2008—2009 年间生产试验统一取样后经农业部谷物品质监督检验测试中心（泰安）测试结果：籽粒蛋白质含量 12.0%，湿面筋 34.0%，沉淀值为 30.5mL，吸水率为 66.5mL/100g，稳定时间在 3.1min

左右，面粉白度 74.7。

6.2 种植关键点与难点

适宜播期 10 月上旬，每亩基本苗 15 万，注意施肥，一般亩施农家土杂肥 2 000～3 000kg，氮肥 40～60kg，标准磷肥 40～60kg，钾肥 10～15kg，应注意防治病虫害。适宜在全省旱肥地块利用。

6.3 应用案例与前景

在 2006—2008 年山东省小麦品种旱地组区域试验中，两年平均亩产 410.24kg，比鲁麦 21 增产 6.70%；2008—2009 年旱地组生产试验，平均亩产 446.31kg，比鲁麦 21 增产 6.56%。在旱肥地多年多点打出亩产 650kg 以上产量。

主要完成单位：青岛农业大学
技术成熟度：★★★★☆

7 康巴老芒麦新品种选育研究

7.1 成果简介

该项目共历时 15 年，筛选出具有抗旱、抗寒、抗病、返青早、生长快、麦草产量高、叶量多、草质柔嫩、种子成熟期一致、利用年限长等特点的优良野生老芒麦新品种。该成果针对甘孜藏族自治州草地生态建设的重要地位和草地退化严重的现状，选育了康巴老芒麦的新品种，该品种对甘孜藏族自治州草地生态环境的建设、退化草地恢复治理，提高草地生产力以及推动高寒地区草地畜牧业生产健康发展都具有十分重要的意义。经过一段时间的努力，甘孜藏族自治州畜牧业科学研究所研究并总结出了康巴老芒麦的栽培技术以及种子生产技术，实现了优良牧草品种的选育及栽培技术配套。通过此配套栽培技术，解决了牧草品种返青较晚、生长速度较慢、叶的数量较少以及种子成熟不够整齐的难题，同时解决了种植密度与产量、行距与播种量等技术问题。该品种是甘孜藏族自治州第一个通过国审（认）定的具有独立自主知识产权的野生栽培品种，适合高寒地区种植。该成果填补了甘孜藏族自治州无独立自主知识产权的牧草品种空白。通过栽种试验，该品种主要农艺性状、抗性及品质均有明显的改善与提高。

7.2　技术关键点及难点

进行系统深入地研究老芒麦的生物学特征与特性，开展样本农艺性状评价、一年自然选择、三年混合选择、品种比较试验、区域试验、生产试验等环节的牧草育种关键技术指标的测定、分析、整理，以形成全套技术资料。

7.3　应用案例与前景

项目在康定、道孚、理塘 3 县的实施，预计试验示范防治面积 750hm^2，每年可增加牧草产量 2 009 万 kg，增产显著，新增产值 1 590.17 万元，为退化草地治理、生态建设，提高草地生产力，促进畜牧业发展提供了新的措施。通过项目建设，能有效地提高牲畜载畜量，减少死亡，经济效益和社会效益显著。该品种深受农牧民群众的欢迎，其应用前景广阔。对促进农牧民经济增收和提高生产、生活水平将起到积极的推动作用，对牧区经济发展和社会稳定将产生重大而深远的影响。

主要完成人：龙兴发，蒋忠荣，李太强，朱连发，杨秀全，叶忠明，刘长清，刘曦，蒋艳君，马莉，何剑，扎西多吉，周开忠，方崇春，李忠梁，龙盛超，韩红英，李雪莲，田俊，廖阳

主要完成单位：甘孜藏族自治州畜牧业科学研究所

技术成熟度：★★★☆☆

8 黑饲麦 1 号

8.1 成果简介

青海省农业科学院作物所同波兰专家在 1999 年进行合作，双方利用普通小麦品种 Neepawa（1DL5＋10）与波兰品种黑麦 H510（1RL）进行易位而产生了新品系。原代号 02－16，属 *Lolium secalecerele* L. 变种。该新品种于 2005 年 12 月 9 日通过了青海省第七届农作物品种审定委员会第一次会议审定，目前定名为黑饲麦 1 号，品种合格证号为青种合字第 0203 号。

幼苗期匍匐，叶色呈深绿，叶片窄而小，叶耳白色，株高 134.90～145.12cm，穗粒数 63.50～87.50 粒，穗纺锤形、长芒、白色，颖壳呈白色、无茸毛，护颖披针形，无颖嘴，无颖肩，颖脊明显到底。籽粒呈长锥形、黑色、较饱满，腹沟浅且窄，冠毛较少。千粒重 39.20～40.20g，籽粒容重 686.48～696.52g/L，籽粒粉质，粗蛋白质含量 11.59％，粗淀粉含量 65.29％，湿面筋 27％。成熟后，经测定茎秆粗蛋白质含量 6.00％，可溶性糖为 19.17％。春性，属中晚熟品种。生育期在 121～125d。耐寒性、耐旱性以及抗倒伏性较强，落粒性较好，耐青干能力强，高抗盐碱，休眠期在 18～22d。该品种高抗叶锈、条锈、秆锈、白粉病、赤霉病，中抗吸浆虫。

8.2 种植关键点与难点

经多年多点试验和生产示范，黑饲麦 1 号在海拔 2 200～2 500m 的山旱地为种繁适宜地区，可割一次鲜草后再收一次籽粒，如果抽穗期割鲜草以后再等收籽粒，成熟期延迟 35～45d；在海拔 2 600～2 850m 的地区为饲草种植区，可收一次鲜草和不完全成熟的籽粒。

8.3 应用案例与前景

随着全省种植业结构调整，饲草料作物种植面积将逐年扩大，黑饲麦 1 号在海南、海北、湟源地区已大量种植，常年累积种植面积 8.26 万亩左右，已成为农牧交错区的主要饲草品种之一。该品种每亩可收鲜草 2 000～3 000kg，可育肥 4～6 只羊，每只羊获纯利 200 元，年可获纯利润 800～1 200 元。纯收粮平均籽粒产量 321.5kg/亩，每千克按 2.4 元计，每亩产值可达 771.6 元。

主要完成单位：青海省农林科学院
技术成熟度：★★★☆☆

9 春小麦青春 38

9.1 成果简介

春小麦新品种青春 38 是青海省农林科学院作物所选育而成，采取的是有性杂交结合温室加代快繁技术，其杂交组合为国外 Consens（加拿大红麦）与国内冬麦 03702／W97208。属普通小麦 Var：*Lutesens A L.* 变种。该品种于 2005 年 12 月 10 日通过了青海省第七届农作物品种审定委员会第一次会议审定，并定名为青春 38，其品种合格证号为青种合字第 0199 号。该品种在 2010 年获青海省科技进步二等奖。

幼苗半直立，叶耳呈白色，叶色呈深绿，株高 85.99～92.01cm，分蘖成穗率 66.41%～82.19%，穗下节长 37.79～45.61cm。穗长 9.73～11.47cm，每穗小穗数 17.39～20.41 个，穗粒数 39.67～54.13 粒，穗纺锤形、顶芒。籽粒呈椭圆形、红色。千粒重 42.10～46.50g，容重 864.60～868.40g/L，籽粒角质，粗蛋白质含量为 14.09%，湿面筋 29.10%，淀粉含量为 66.30%，面团的稳定时间 4.3min。全生育期在 140～148d。抗条锈与倒伏，口紧不易落粒且落黄好。

9.2 种植关键点与难点

适合在川水地区及高位水地种植，播期及播量：川水地区于

3月上中旬播种，高位水地区于3月中下旬播种，亩保苗30万～35万。加强田间管理，适时中耕松土，防治杂草危害。

9.3　应用案例与前景

常年在全省种植面积稳定在11.34万亩左右，平均每亩产468.5kg，比当地推广种植品种平均增产10.91%，平均亩新增产量51.1kg，每亩新增产值102.2元，累计新增总产量达579.47万kg，每千克按2.00元计算，新增总产值达1 158.9万元。品质指标达到中筋小麦标准。

主要完成单位：青海省农林科学院

技术成熟度：★★★☆☆

10　春小麦青春40

10.1　成果简介

2005年，青海省农林科学院以咸阳大穗的杂交后代为母本，并以甘辐92-310为父本进行有性杂交，选育而成了青春40，2006年12月10日通过了青海省第七届农作物品种审定委员会第二次会议审定，目前定名为青春40，该品种合格证号为青种合字第0216号。特征特性：芽鞘呈绿色，幼苗直立、绿色，无茸毛；株高104.96～111.04cm，株型属紧凑型。叶相披散，叶耳呈白色，叶色深绿，单株分蘖数0.32～0.34个，分蘖成穗率47.56%～61.04%，穗下节长47.79～45.61cm。穗长8.93～10.67cm，穗粒数45.67～50.13粒。穗呈长方形、顶芒、白色，颖壳白色且无茸毛，护颖呈长方形，颖肩长方，颖嘴锐形，颖脊明显、到底。籽粒椭圆形、白色，腹沟浅，冠毛较少。千粒重38.20～42.40g，籽粒容重776.10～795.90g/L，籽粒角质，粗蛋白质含量15.50%，湿面筋32.60%，淀粉含量66.30%，面团形成时间4.0min，面团稳定时间4.2min。该品种属春性早熟品种，生育期在 108～118d。抗条锈与倒伏，落粒性中且落黄好。

10.2 种植关键点与难点

结合秋深翻施有机肥 3 500kg/亩，播前施纯氮 6.20kg/亩，五氧化二磷 6.20kg/亩，氧化钾 3.27kg/亩。灌好苗水、拔节水，全生育期浇水 3～4 次。播种期 3 月中上旬，播深 5cm，播种量 17.75kg/亩，保苗 28 万/亩，总茎数 52 万/亩，保穗 35 万/亩。适宜青海省东部农业区川水、中高位水浇地和山旱地、柴达木灌区种植。

10.3 应用案例与前景

中等水肥条件下产量 400～500kg/亩，在较高水肥条件下产量达 600kg/亩。

主要完成单位：青海省农林科学院
技术成熟度： ★★★☆☆

11 冬小麦青麦 4 号 （中植 9 号）

11.1 成果简介

冬小麦是在较暖地方种植，在我国通常情况下，在 9 月中下旬至 10 月上旬这段时间播种，来年 5 月底至 6 月中下旬成熟。华北及其以南地区是冬小麦种植区。在我国长城以北主种春小麦，以南则主要种植冬小麦，所以我国目前以冬小麦为主。

青麦 4 号是中国农业科学院植物保护研究所与青海省农林科学院合作采用冬小麦中植 1 号为母本，以冬小麦贵农 001 为父本，经有性杂交选育而成。该品种于 2015 年 1 月 20 日通过了青海省第八届农作物品种审定委员会第四次会议的审定，审定编号为青审麦 2014001。特征特性：冬性，属于中熟品种。芽鞘呈白色，幼苗期半匍匐，绿色，无茸毛；叶片深绿，叶相中间，叶耳白色。株型紧凑，株高在 88.5cm 左右。单株有效分蘖数 4.0～6.0 个，分蘖成穗率达 85.5%。穗长方形，中芒，芒白色；颖壳白色，无茸毛；护颖呈卵形，颖肩斜肩，鸟嘴形，脊明显。籽粒卵形，白色，较饱满，腹沟浅且宽，冠毛较多。千粒重 41.1～44.1g，容重在 799.1～803.5g/L，籽粒半硬质，粗蛋白含量为 14.90%，湿面筋质含量 24.8%，粗淀粉含量为 62.03%。全生育期在 280d 左右。越冬至返青在 107～115d。高抗条锈病与叶锈病，中抗赤霉病、白粉病，抗倒伏。

11.2　种植关键点与难点

9 月中下旬播种，每公顷播种量 300～350kg，基本苗 310 万～420 万，成穗 490 万～560 万。11 月上旬浇越冬水，3 月下旬至 4 月上旬浇返青水。适合青海省黄河流域和湟水河流域温暖灌溉地区种植。

11.3　应用案例与前景

经过田间试验获知，在一般水肥条件下每公顷产量 6 800～7 600kg，高水肥条件下每公顷产量 7 600～9 800kg。

主要完成单位：青海省农林科学院
技术成熟度：★★★☆☆

12　旱地小麦早、深、平高产节水栽培技术

12.1　成果简介

据统计，目前我国的耕地面积在 19 亿亩左右，但这其中有 60% 以上为旱地，仅有 7.2 亿亩为灌溉地。该项目是在水资源严重短缺的情况下，通过一系列旱作技术措施，并通过改善旱地农业结构，不断提高地力及有效利用天然降水来实现农业生产过程中的稳产与平衡增产，使农林牧得到综合开发。具体而言就是在年降水量 200～600mm 的这些干旱、半干旱

和半湿润易旱等地区，不靠灌溉而采用一系列抗旱农业技术进行生产的雨养农业模式。该技术在 2007 年获教育部科技进步二等奖。

具体操作：通过深耕加深耕作层，深度以 25～30cm 为宜。同样，肥料运筹也要突出早、深的特点，并注重有机肥、无机肥与氮、磷、钾等肥料的配合施用。一般情况下每亩耕地施有机肥 3 000～5 000kg，纯氮为 16～18kg，P_2O_5 在 12～15kg，K_2O 在 8～10kg，硫酸锌需要 1kg，硼砂 0.5～1kg。这些肥料全做基肥施入土壤。品种选用高产优质抗旱品种。平播：不起垄等行距（在 20～22cm）精细播种。适时播种，培育壮苗，创建合理的群体结构，要求基本苗在 12 万～16 万，冬前总蘖数在 70 万～80 万，春季总蘖数在 80 万～100 万，每亩穗数在 50 万左右。运用中耕与镇压保墒防旱的方法，及时在雨后和早春土地返浆时进行划锄，特别是早春应采用锄与压相结合的方法，先镇压之后再划锄。在小麦生育后期，如果有脱肥的现象，应根据条件进行根外追肥或借墒追肥。

12.2 技术关键点与难点

该技术涉及 4 个点较为重要：（1）需对土壤深耕加深耕作层。（2）进行平播不起垄。（3）选择优质抗旱小麦品种。（4）运用中耕和镇压保墒防旱。

12.3 应用案例与前景

应用该技术，每亩可节约用水 40m³ 左右，节约劳动用工 1～2 个，增产小麦 8% 以上。

主要完成人：林琪
主要完成单位：青岛农业大学
技术成熟度：★★★★☆

第四节　高　　粱

1　高淀粉高配合力糯质高粱不育系 45a 的创制与应用

1.1　成果简介

针对常规糯高粱和粳高粱产量低、抗逆性差等因素，四川省农业科学院水稻高粱研究所创造性地提出了粳糯杂交创制产量高品质优的高粱亲本系理论，并且提高保持系的穗粒重以及一般配合力，最终组配淀粉含量高以及产量高的杂交高粱。采用四川省的优质保持系与北方地区育成的高产高配合力高粱品种作为亲本，为了提高有利基因频率，项目组通过渐渗杂交扩大了有益基因的重组；另外，还采用增加千粒重与穗粒重，远缘地理材料粳高粱和糯高粱间杂交、抗病性与籽粒品质单株选择等技术方法，成功育成了高淀粉高配合力糯质不育系 45a。45a 是目前国内继3197a、tX622a 与 7050a 后审定品种个数最多的三系糯质不育系；育成品种酿酒品质优，45a 所配审定的 10 个杂交高粱总淀粉含量在 73.09%～78.69%，此外，糯质组合支链淀粉含量为总淀粉含量的 96.20%～97.99%，糯粳型组合支链淀粉含量为总淀粉含量的 85% 左右。另外，通过 45a 育成的泸糯系列杂交糯高粱新品种，在酿造浓香型、清香型、酱香型白酒时，其出酒率比泸州本地常规糯高粱高 1.2～6 个百分点，酒质较优。另外，针对南方生态，还形成 3 个高产高效配套的糯高粱生产技术规程。

1.2　技术关键点及难点

研究通过渐渗杂交扩大有益基因重组，提高有利基因频率；采用增加千粒重和穗粒重，地理远缘材料粳糯间杂交、抗病性和籽粒品质单株选择等方法和技术，成功选育高淀粉高配合力糯质不育系 45a。

1.3 应用案例与前景

45a 组配的 10 个审定杂交高粱品种，其生态类型丰富，包括西南、华东和华北，推广应用范围包括四川、重庆、贵州、云南、湖北、湖南、浙江、安徽、江苏、河北、山西、河南等省份，覆盖了中国南方和华北高粱产区，表现出广泛的适应性；45a 已在有关育种研究单位进行了交流利用，一批新的高品质高配合力亲本系正在育成，利用前景广阔。技术的成熟程度、适用范围和安全性成果达到良种良法配套大面积推广应用程度，适用于中国南方及相似生态区种植。

主要完成人：丁国祥，赵甘霖，蒋凡，程庆军
主要完成单位：四川省农业科学院水稻高粱研究所
技术成熟度：★★★★★

2 新高粱 4 号高产栽培技术

2.1 成果简介

21 世纪人类面临的主要问题有粮食、能源以及环保等。目前，在我国不管是政府部门、科研单位还是企业都在关注着甜高粱这种生物质能源的研究与开发。甜高粱被认为是生物质能源系统中最有力的竞争者，这就要归功于它具有高能、高光效、强适应性、强耐性、高生物产量、高含糖量等诸多特点。自 2002 年起，新疆农业科学院开始从事甜高粱的育种、栽培、贮藏、发酵、精馏、酿酒、机动车动力试验等方面的科研攻关，最终取得了一系列的重要的科研成果。

该技术是以新疆农业科学院在 2007 年通过审定的具有中晚熟、高产、高糖等特点的甜高粱品种新高粱 4 号为材料，研究了该品种适宜的播种量、苗期是否覆膜、栽培种植密度、土壤施肥量、生长期灌溉次数。最后，为制定高产、优质、高效的栽培技术提供依据，

研究人员探讨了新高粱 4 号在新疆地区的栽培模式。

2.2 技术关键点与难点

通过试验研究得出此品种需覆膜播种，播量为 750～1 000 g/亩，密度为 8 000～9 000 株/亩，施肥量 30～40 kg/亩，全生育期灌水 4～5 次。

2.3 应用案例与前景

甜高粱作为一种新的可再生生物质能源已受到国家的极大关注。甜高粱的产业化在我国目前尚处于启动阶段，利用甜高粱制备燃料乙醇使甜高粱的用途得到最有价值的体现。甜高粱的产业化离不开种植业的规模化，只有大规模地种植甜高粱才能满足制备燃料乙醇的原料需求。研究改新品种在其他地区的相适宜的栽培模式，并进行大面积推广应用，最大限度地提高高粱的产量，有利于满足能源需求，其高产技术应用前景广阔。

主要完成人：冯国郡，涂振东，郭建富
主要完成单位：新疆农业科学院
技术成熟度：★★★★☆

3 红缨子高粱引进推广及种植技术集成

3.1 成果简介

该项目根据红缨子高粱不同的特征特性，研究人员选择不同梯度海拔（500m、700m、1 000m）的地点进行试验、示范并推广，彭水县是推广面积较大的一个县，目前推广已获得成功；红缨子高粱种植技术的集成，通过试验、示范，形成了红缨子高粱特有的栽培技术要点；另外，红缨子高粱收割机具（专用脱粒机）的引进推广也已取得显著效果，在彭水县全县推广 3 万亩，每亩帮助农民增收 300 元的目标已基本实现。但在栽培过程中有机磷农药对红缨子高粱有一定的伤害作用，目前正在试验并筛选

了安全农药。

3.2 技术关键点及难点

关键在于将引种的红缨子高粱选择在不同海拔高度进行试验种植，形成栽培技术要点，实现高效优质生产。

3.3 应用案例与前景

通过科学育苗、规范移栽、地膜覆盖等新技术，亩产达300kg以上，2012 年推广种植了 2.5 万亩，2013 年推广种植达 3 万亩以上，有效推动了彭水县红缨子高粱的发展。该技术同样适合在周边省市推广应用，将带来显著的社会经济效益。

主要完成人：赵星良，龚万平，任连生
主要完成单位：重庆市聚琨农业开发有限公司
技术成熟度：★★★☆☆

4 高粱新品种渝糯粱 1 号

4.1 成果简介

渝糯粱 1 号新品种是通过有性杂交选育而成，全生育期在131.3d 左右，属于中熟糯高粱类。株高为 190.6cm，穗长为34.3cm，叶片数为 19 片，叶片呈长形，叶形较大，芽鞘呈绿色，中散穗，伞形，育性为 95%。单株穗粒重达 61.2g，千粒重为 22.0g，壳色呈红色，籽粒呈黄褐色。据（沈阳）农业部农产品质量监督检验测试中心检测结果，渝糯粱 1 号籽粒粗淀粉含量高达 73.68%、单宁 1.04%，此品种是酿造浓香型、酱香型以及小曲白酒的优质原料。该品种除了综合农艺性状好，产量高，稳产性好以外，其抗倒伏、抗病性也较强，并且籽粒饱满、千粒重高、商品性状好，深受种植户欢迎。

4.2 技术关键点及难点

在土温稳定通过 12℃即可播种，重庆市适宜播期为 2 月底

至 3 月上旬。种植密度每亩 7 000 株左右。重底早追，拔节前施完全部肥料；亩用纯氮 10～12kg、五氧化二磷 5～6kg、有机肥 2 000～3 000kg。注意防治蚜虫、穗螟和鸟害，避免使用有机磷农药。该品种适合在重庆市高粱种植区域及周边省市相似区域种植。

4.3 应用案例与前景

重庆市高粱区域试验两年平均亩产 419.9kg，居第一位，比对照品种泸糯 13 高粱增产 12.49%；生产试验平均亩产 398.3kg，比对照品种泸糯 13 高粱增产 9.29%，仍居第一位。该优良品种的进一步推广应用，将带来显著的社会经济效益。

主要完成人：张晓春，刘天朋，李泽碧，倪先林，王培华，丁国祥，张志良，赵甘霖

主要完成单位：重庆市农业科学院，四川省农业科学院水稻高粱研究所

技术成熟度：★★★☆☆

5 敖汉旗全覆膜水肥一体化高粱高产栽培技术

5.1 成果简介

在敖汉旗谷类杂粮种植面积中，高粱算得上是第二大种植作物，仅次于水稻种植，年均种植面积超过 30 万亩，且大多数种植在旱坡地与一水地。种植方式多以露地等行距种植为主，该地区平均亩产在 300kg 左右。近几年来，伴随着全覆膜、膜下滴灌以及水肥一体化等全新栽培技术的推广，高粱产量得到极大的提高。随着高粱栽培技术的快速改进，敖汉旗形成了以全覆膜以及水肥一体化为主的高粱综合配套高产栽培技术。敖汉旗四家子镇承担了农业部高粱高产创建万亩示范片区建设工作，采用以全覆膜、水肥一体化为主的高粱综合配套高产栽培技术之后，高粱

百亩核心攻关田亩产高达 753kg，万亩示范片区亩产达 605kg 的可观成绩。通过全覆膜与水肥一体化配套栽培技术，敖汉旗高粱单产和总产都有了很大的提升。同时，该技术也适合向全国各地推广。

5.2 技术关键点与难点

栽培技术要点：机械灭茬、秸秆还田，深翻土壤 30～35cm；选用优良杂交品种；应用全覆膜高产栽培技术，全覆膜技术选用 1.2 m 宽，0.008mm 厚的优质地膜；大小垄种植技术，改善了田间通风透光条件，充分利用了太阳光能，促进了光合作用；合理密植，机械精量穴播，采用全覆膜机械精量穴播；测土配方精准施肥；合理追肥，水肥一体化技术。

5.3 应用案例与前景

敖汉旗永芳家庭农场有限公司位于萨力巴乡萨力巴村，现有土地面积 930 亩。2014 年，该农场发展高粱种植 600 亩，在旗农业技术人员指导下首次在旱坡地应用以全覆膜、水肥一体化为主的综合配套高产栽培技术，克服春季低温、夏秋季节干旱等不利气候条件影响，迎来了罕见的历史性大丰收。全覆膜、水肥一体化高粱平均亩产突破 600kg，较往年及当地常规种植每亩增产 300kg 以上，产量翻了一番。通过在全旗一水地、旱坡地推广应用以全覆膜、水肥一体化为主的高产栽培技术，高粱单产潜力大幅提高，平均亩产在 600kg 以上，较常规种植每亩增产 300kg，亩产翻了一番。应用全覆膜一体机亩节省 1～2 个人工，总节本增效达 800 元/亩以上。

主要完成人：郭永鹏，程志桥，甄玲玲，张亚辉
主要完成单位：赤峰市敖汉旗农业技术推广站，敖汉旗贝子府镇农业站
技术成熟度：★★★★☆

6 杂交高粱高产栽培技术

6.1 成果简介

像高粱这样的粮食作物在中国栽培较为广范，就目前而言，我国的高粱种植以东北各地为最多。食用高粱谷粒主要供食用、酿酒。另外，糖用高粱的秆可以用来制糖浆或生食；而帚用高粱的穗可制笤帚或炊帚。

通常情况下，高粱的主要可利用部位有籽粒、米糠以及茎秆等。其中高粱籽粒中主要养分含量：粗脂肪为3％、粗蛋白含量在8％～11％、粗纤维在2％～3％、淀粉含量在65％～70％。蛋白质在籽粒中的含量一般情况下是9％～11％。对于酿酒行业来说，高粱籽粒是最佳的酿酒原料，籽粒的好坏可直接决定酒的品质，在种植业中，高粱占有重要的地位，尤其杂交高粱在名优酒厂周围地区一般是被视为经济作物来种植的。现在杂交高粱高产栽培过程包括良种选择、播种、栽植、田间管理、病虫害防治、收获和再生栽培等方面内容，在这个过程中，只有每一个环节做到位，才可获得高产。

6.2 技术关键点与难点

选用良种，应根据生产条件和酿酒需要合理选用；适时播种，在4月上中旬播种，以移栽时苗龄不超过30d为宜；合理密植，配方施肥；加强田间管理以及病虫害防治。

6.3 应用案例与前景

杂交高粱在重庆海拔250～600m浅丘区适合作再生高粱种植，品种选泸杂4号较好，生育期较短，能保证再生高粱在11月顺利成熟。头季一般单产4.80～6.00t/hm²，再生季一般单产3.75～5.25t/hm²。

主要完成人：*牟之碧*

主要完成单位：*重庆市万州区天城镇农业服务中心*

技术成熟度：★★★☆☆

7 高粱新品种红缨子高产栽培技术

7.1 成果简介

2010 年 1 月 1～6 日，澧县农业局派专人前往贵州省仁怀市，目的是为进一步探索适合湖南澧县农村经济发展的高效模式，推动澧县农业产业化发展。这些专业人员作了为期 7 d 的实地考证，认为澧县交通便利，运输方便，特别适合大面积种植高粱，且贵州省常年对高粱的需求量大，故这 2 个地区适合进行红缨子高粱的种植，并合作实现其产业化开发。相关人员为了积极稳妥地推进这一合作项目，对红缨子高粱栽培技术进行了较为详细的研究，这也是为了后期红缨子高粱在澧县实行大面积种植提供技术指导。

高粱品种红缨子是贵州省仁怀市丰源有机高粱育种中心选育而成的，此品种具有高产、优质等特点。为了实现该品种高产、优质的特性并在澧县生产中大面积种植创造良好的经济效益，研究人员主要从品种特性、育苗技术、移栽技术、栽后管理、病虫害防治以及适时收割等方面介绍了红缨子高粱的高产栽培技术。

7.2 技术关键点与难点

苗床管理：出苗后要及时间苗，保证苗匀、苗壮；移栽技术：施足底肥，精细整地，适时起苗，规范移栽；栽后管理：查苗补苗，保证齐苗，及时追肥，中耕培土；病虫害防治：红叶病防治，芒蝇、条螟、黏虫、蚜虫防治，土蚕、蜗牛、蛴螬防治；拔节孕穗期防治：紫斑病等。

7.3 应用案例与前景

红缨子是贵州省仁怀市丰源有机高粱育种中心选育的高产、优质高粱品种。如果采用恰当的栽种方法，其产量一定可观，可为高粱酿酒打下物质基础。

主要完成人：黄文平，陈琦
主要完成单位：湖南省澧县农业局
技术成熟度：★★★☆☆

8 湖南省高粱高产高效栽培技术

8.1 成果简介

高粱只能算是湖南粮食中的小作物，常年种植面积较小，产量也只在 2 万吨左右。由于湖南省高粱种植面积小、产量低以及效益差等因素一直制约着该省高粱产业发展。但随着农业结构的调整以及农业产业化的发展，例如湖南省酿酒业、饲料工业与食品工业的快速发展，高粱种植面积也在逐年增加。据《湖南农业统计年鉴》统计，1998 年全省农作物总播种面积为 $793.625 \times 10^4 hm^2$，其中高粱 $1.086 \times 10^4 hm^2$，从整体比例来看仅占 0.14%，占旱粮比重 0.9%。不过近年来，随着优质糯高粱种质资源的不断开发应用，湖南省高粱种植面积又上一新台阶。据调查数据显示，仅浏阳、沅陵、辰溪、汉寿、石门、泸溪以及麻阳等地，2014 年高粱生产项目订单落实种植面积就达 $1 \times 10^4 hm^2$。在湖南省发展糯高粱，对优化粮食作物品种结构发挥了一定程度的作用。湖南温、光、水、热资源丰富，适合发展高粱生产。目前，湖南省高粱生产的一个重要课题便是进一步提高高粱栽培的技术水平，提高单产与品质，促进高粱产业的快速发展，促进当地农民增产增收。相关研究人员通过多年的努力，探明了高粱高产高效栽培的技术途径，提出了高粱高产栽培的 4 个重要的技术环节：播前准备、播种、田间管理、病虫害防治。

8.2 技术关键点与难点

种子准备：选择优良品种，播前晒种 1～2 d，然后将种子进行筛选，淘汰空、秕、瘦、虫蛀和损伤籽粒等；选地整土：选择有机质含量丰富，pH6.5～7.5，土层较厚的土壤为好；施足基肥：整地时可施土杂肥、厩肥或复合肥；播种期：当土壤 5cm 土层温度稳定在 10～12℃时即可播种，根据高粱品种特性、土壤肥力和种植方式等因素确定播种量。播种方式为育苗移栽；田间管理和病虫害的防治。

8.3 应用案例与前景

采用此方法进行高粱种植，最终高粱增产明显，此方法也为湖南省发展高粱产业提供了技术支撑，适合在其他省市推广应用。

主要完成人：郭立君，曾贤杰，叶桃林，胡照云
主要完成单位：湖南省土壤肥料研究所
技术成熟度：★★★☆☆

9 饲用甜高粱及其栽培技术

9.1 成果简介

饲草饲料的开发利用对农业结构调整、生态农业以及农业的可持续发展必将起到巨大的推动作用。甜高粱为世界生物学产量最高的作物，它是一种能源作物、饲料作物以及糖料作物，在生物量能源系统中是排名第一的竞争者。在甜高粱的诸多用途中，最具优势的便是作为饲料利用，即可用做牧草放牧，又可当做青饲、青贮以及干草。另外，甜高粱营养丰富，茎秆含糖量高达 18%，与青饲玉米相比高了 2 倍，在当前生产中使用的青饲玉米、大麦、苜蓿、燕麦中，甜高粱独占鳌头，因此，甜高粱可作为发展畜牧业的有效措施。在 2009 年，中国科学院西北高原生物研究所引进国内外甜高粱新品种 20 多份，并在引种的基础上开展了地膜覆盖品种比较试验、在不同海拔高度生态区进行生产试验、栽培技术的研究、植株品质分析以及青贮后饲喂奶牛效果的研究，最终选育出了吉甜 5 号与九甜杂三 2 个表现优良的甜高

梁品种，2012 年 11 月 29 日吉甜 5 号已通过青海省第八届农作物品种审定委员会第二次会议审定。吉甜 5 号属于常规品种，可在海拔 1 850m 的地区通过铺地膜繁殖种子。

9.2 技术关键点与难点

栽培技术要点：轮作倒茬、深翻，与小麦、油菜、马铃薯轮作，忌连作；底肥：地表黄干时，施农家肥；铺地膜：整好地后，及时铺地膜；播种时间与方法：日均温度稳定在 5℃即可播种，一般播种时间为 4 月下旬至 5 月上旬。

9.3 应用案例与前景

甜高粱在国外高产纪录为 169 005kg/hm²，国内高产纪录 157 500kg/hm²，是牛、羊、鹅、兔、鱼等动物的优良饲草，可有效提高肉、蛋、奶的产量和质量，饲喂奶牛每头日增奶量 2.49～5.25kg。其饲用前景广阔。

主要完成人：李春喜，冯海生

主要完成单位：中国科学院西北高原生物研究所，中国科学院高原生物适应与进化重点实室

技术成熟度：★★★☆☆

10 高粱高效抗蚜育种技术体系创建及应用

10.1 成果简介

该项目针对我国高粱抗蚜性研究基础薄弱及蚜虫危害严重影响高粱产量的现状进行了系统性研究。主要技术有：（1）除了明确国内危害高粱的蚜虫危害特点及种类外，还确定了高粱蚜虫危害高粱的优势种群。（2）揭示了国内高粱主产区高粱蚜基于 *COI* 基因无生物型分化。（3）建立了室内高粱蚜繁殖鉴定记录以及快速的抗蚜育种技术体系。通过研究，得出室内高粱蚜适宜繁殖条件为：温度 22～26℃，湿度 55%～75%，光照周期 10～14h。

通过室内鉴定一次、田间鉴定一次的室内高粱抗蚜鉴定技术，最终形成了一代鉴定两次抗蚜性的快速抗蚜育种体系。（4）目前已育成抗蚜恢复系 CR2021 与抗蚜不育系 312A 等 17 个品种，抗蚜育种取得显著进展。利用 312A 抗蚜不育系为母本配制杂交组合筛选出大量苗头优势组合 312A×R3348 等，其中 312A×R3348 田间测产高达 649kg/亩。

10.2　技术关键点及难点

研究危害我国高粱的蚜虫种类和发生规律，明确高粱蚜是危害高粱的优势种群；利用 *COI* 基因对全国高粱主产区的高粱蚜进行了生物型分化研究。率先建立了简捷高效的高粱蚜繁殖、定量接种、品种抗性评价鉴定技术，创建了室内与田间相结合的一代两次抗蚜高效育种技术体系。

10.3　应用案例与前景

该技术成果适用于高粱抗蚜材料的创新、抗蚜育种、抗蚜遗传、抗蚜基因定位、抗蚜机理研究等多个方面，对小麦、玉米等主要作物的抗蚜研究也有参考价值。育成的抗蚜杂交品种对降低投入、提高产量起到支撑作用。该技术适用于全国高粱主产区。

主要完成人：吕芃，刘国庆，侯升林，李素英
主要完成单位：河北省农林科学院谷子研究所，国家高粱改良中心河北分中心，河北省杂粮研究实验室，国家谷子改良中心
技术成熟度：★★★☆☆

第五节　薯　　类

1　马铃薯品种青薯 9 号

1.1　成果简介

青薯 9 号是青海省农林科学院引进国际马铃薯中心（CIP）杂交组合（387521.3×APHRODITE）材料 C92.140—05 选出

的优良单株 ZT，后经系统选育而成。植株性状：株高 86.6～107.4cm。幼芽顶部尖形、紫色，中部绿色，基部圆形，紫蓝色，生有少量茸毛。茎紫色，横断面三棱形。叶深绿色，较大，茸毛较多，叶缘平展，复叶大，椭圆形，排列较为紧密，互生或对生，侧小叶 5 对，顶小叶椭圆形；互生或对生有次生小叶 6 对，托叶圆形。聚伞花序，花蕾绿色，长圆形；萼片披针形，浅绿色；花柄节浅紫色；花冠浅红色，有黄绿色五星轮纹。无天然果。薯块性状：薯块整体呈椭圆形，表皮红色，有网纹，薯肉黄色；芽眼较浅，芽眼数 7.73～10.87 个，红色；芽眉弧形，脐部凸起。结薯较为集中，整齐，且耐贮性中等，休眠期 40～50d。单株结薯数 5.8～11.4 个，单株产量 944.39～945.61g，单薯平均重 113.86～121.92g。中晚熟，生育期在 120～130d，全生育期 160～170d。植株耐旱且耐寒。产量表现：块茎淀粉含量为 19.76%，还原糖含量为 0.253%，干物质含量 25.72%，维生素 C 含量为 23.03mg/100g。一般水肥条件下亩产量在 2 250～3 000kg；高水肥条件下亩产量在 3 000～4 200kg。抗逆性：山旱地抗旱性较强。抗病性：水地具有较强的抗晚疫病及抗病虫害。

1.2 种植关键点与难点

结合深翻亩施有机肥 2 000～3 000kg，纯氮 6.21～10.35kg，五氧化二磷 8.28～11.96kg，氧化钾 12.5kg。4 月中旬至 5 月上旬播种，采用起垄等行距种植或等行距平种，播深 8～12cm。亩播量 130～150kg，行距 70～80cm，株距 25～30cm，密度 3 200～3 700 株。适宜在海拔 2 600m 以下的东部农业区和柴达木灌区种植。

1.3 应用前景与案列

青薯 9 号是由青海省农林科学院选育的马铃薯新品种，2011 年 1 月通过国家审定。宁强县农技中心于 2014 年开始引进示范种植，具有红皮黄肉、高淀粉、高产、优质的特性。2016 年在巴山镇和毛坝河镇种植 500 多亩，最大单薯重 1.2kg，最大单窝重 1.75kg，最高亩产 3 060.5kg，平均亩产 2 000kg 以上。

主要完成人：蒋福祯，王舰
主要完成单位：青海省农林科学院
技术成熟度：★★★★☆

2 高产优质抗病马铃薯品种青薯 3 号选育及推广

2.1 成果简介

世界各地马铃薯的种类比较多，若按颜色分，可分为紫色、红色、黑色、黄色等，其中彩色马铃薯是可用作特色食品来开发的。由于马铃薯本身含有较多的抗氧化成分，因此，即便是经高温油炸后彩薯片仍然可以保持天然颜色。另外，油炸薯片可长时间保持原色，最重要的原因是紫色马铃薯对光不敏感。

青薯 3 号（青 93-8-27）是由青海省农业科学院作物所利用高原 3 号作父本与农家优质品种深眼窝作母本，杂交选育而成，经长期筛选，在 1993 年育苗并从中选出单株，于 1994 年进入无性系选种圃，再经区域性试验与多年种植生产试验，繁殖而成。该品种于 2001 年通过了青海省农作物品种审定委员会第二次会议的审定，将其命名为青薯 3 号。青薯 3 号属于晚熟品种，出苗到成熟在 120d 左右，植株直立，分枝较少，株高在 98～110cm，茎呈浅绿色，复叶中等大小，次生小叶为互生或对生。聚伞花序，开花繁茂，花冠紫色，无天然结实性，块茎圆形，表皮粗糙，黄皮黄肉，致密度紧，无空心，薯块大而整齐，大薯率为 85％以上，食用品质较好，经品质分析淀粉含量为 19.5％，维生素 C 含量为 20.9mg/100g，还原糖含量为 0.63％，粗蛋白含量 1.63％，芽眼中等大小，结薯较为集中，单株结薯 4～5 块，块茎休眠期较长，耐贮藏，植株较耐寒耐旱，且耐盐碱，抗晚疫病、环腐病、花叶病毒等。

2.2　栽培关键点与难点

适宜播种期为 4 月下旬至 5 月上旬，播前施足底肥，在现蕾后开花前注意灌水，适宜播种密度水地为 3 000 株/亩，旱地 4 000 株/亩，在川水地区实行平种及宽行大垄和等行距种植，也可实行宽窄行种植，宽行 80～100cm，窄行 25～30cm，在热量较低的高位山旱地可起垄等行距种植。

2.3　应用案例与前景

青薯 3 号经试点种植，平均产量 2 387.3kg/亩，比对照品种互薯 202 增产 53.8%。综合各地情况，该品种适应性强，产量稳定。

主要完成人：唐小兰
主要完成单位：青海省农林科学院
技术成熟度：★★★☆☆

3　马铃薯高垄膜上覆土栽培技术研究与推广

3.1　成果简介

中国是一个马铃薯种植大国，马铃薯生产在国内通常采用两种方法：一是采用先覆膜后再破膜进行播种，此种方法的优点是可以提早覆膜，且不容易烧苗，缺点是需要特殊的工具进行播种，播种速度较慢，对地膜损害较大，保墒性也差。二是先播种后再覆地膜，待出苗时再进行人工放苗，优点是保墒较好，播种速度比第一种方法快，缺点是人工放苗费时，此种方法若放苗不及时还容易造成烧苗。另外，覆膜后土壤温度随之升高，影响根系的生长与薯块的膨大。同时膜下除草不便，很容易出现绿薯。对于传统马铃薯种植方式来说，基本靠的是人畜力种植，劳动工序较多，且强度大，存在无法充分利用机械化或需人工放苗等限制。所以生产上研究出既能充分利用地膜的保墒增温效果，达到稳定高产，又便于机械化生产以及提高生产效率的马铃薯栽培新技术是十分有必要的。

项目在国内首次提出一项研究新内容，即"马铃薯高垄黑膜膜上覆土自然出苗栽培新技术"。此技术借鉴了土壤压砂覆盖技术，具体做法是在播种铺膜后，为形成 30～35cm 的高垄，在地膜上覆盖厚度为 3～5cm 的土层，最后使得马铃薯达到自然顶膜出苗。2012 年，本项目成果通过了甘肃省科技成果鉴定，2013年该成果获兰州市科技进步一等奖。

3.2 技术关键点及难点

首次研究提出了马铃薯高垄膜上覆土栽培技术，栽培技术的改进，解决了地膜在马铃薯生产上的应用问题。二是全程可以机械化生产，推动了马铃薯生产方式的大转变，被认为是马铃薯生产的一次飞跃；并研究制定了"马铃薯高垄膜上覆土栽培技术规程"和"马铃薯高垄膜上覆土机械化操作规范"。

3.3 应用案例与前景

最初仅在有一定灌水条件的引大补灌区和景泰引黄灌区推广，接着在灌水条件较好的河西灌区推广，随后在没有灌水条件的二阴地区推广；从甘肃省内兰州、白银、张掖、武威等地以及内蒙古、青海、山西、河北等省份马铃薯种植区推广应用。各地平均每亩增产 350kg，纯收益 360 元，每亩节省劳动力 3～8 个。初步统计，近三年推广面积达 90 万亩以上，累计新增纯收益45 900万元。

主要完成人：杨来胜，安永学，席正英，何培洪
主要完成单位：兰州市农业科技研究推广中心
技术成熟度：★★★★★

4 马铃薯品种青薯6号

4.1 成果简介

　　1995年，青海省农林科学院作物所以固33—1与92－9－44（73－21－1×Desiree）分别为母本、父本，育种过程中通过有性杂交、实生苗培育以及后代选择等技术，最终育成一新品种。原代号为6－61（95－6－61），该品种于2005年1月10日通过了青海省第六届农作物品种审定委员会第五次会议审定，并最终定名为青薯6号，品种合格证号为青种合字第0195号。特征特性：该马铃薯品种半直立，幼芽顶部较尖，呈紫色，中部黄色，基部椭圆形，浅紫色，茸毛少。幼苗直立、深绿色，株丛较为繁茂，长势优良。株高在91.2cm左右，茎粗1.3cm，茎呈绿色、茎横断面呈三棱形，茎翼直状。主茎数3个，分枝数4个，着生部位较低，叶色深绿，中等大小，边缘较为平展，复叶椭圆形，排列中等紧密，有4对侧小叶互生或对生，顶小叶钝形，次生小叶也为4对互生或对生。表皮白色，薯肉白色，致密度紧。芽眼较浅，芽眼数在5～7个，芽眉半月形，脐部浅，结薯集中，休眠期为35d，耐贮藏。单株产量0.80kg，单株结薯数为5个左右，单块重0.24kg，块茎淀粉含量为18.19%，蒸食品味好，维生素C含量为25.08mg/100g，粗蛋白含量2.12%，还原糖含量为0.170%。播种至出苗期在31d左右，出苗至现蕾期24d，现蕾至成熟期82d，生育期在107d左右，全生育期在138d左右。耐旱性、耐寒性与耐盐碱性强。抗晚疫病、环腐病以及黑胫病。

4.2 种植关键点与难点

　　青薯6号属晚熟品种。适宜播期为4月中旬。播种量2.250～3.000 t/hm²。行距70.0cm，株距为25.0～30.0cm，水地密度4.50万株/hm²，旱地密度6.00万株/hm²。热量高的川水地区实行等行平种，或宽窄行种植，宽行80.0～100.0cm，窄行25.0～30.0cm，热量低的脑山地区可起垄等行距种植。施有机肥 30.000～60.000 t/hm²，纯氮 0.150 t/hm²，五氧化二磷 0.078 t/hm²，氧化钾 0.150 t/hm²，现蕾至开花前追施纯氮 0.069 t/hm²。苗齐后及时除草、松土、灌水、施肥、培土。适合青海省水地及低、中、高位山旱地种植。

4.3 应用前景与案列

经各个试验点可知水地种植产量 37.500～45.000t/hm²；在半浅半脑地区种植产量 30.000～35.000 t/hm²。2003 年在大通县长宁镇高水肥条件地种植 0.130 hm²，平均产量 46.451 t/hm²。

主要完成单位：青海省农林科学院

技术成熟度：★★★☆☆

5　马铃薯品种青薯 2 号

5.1 成果简介

青海省农业科学院作物所采用国外引进品种玛古拉（magura）做父本与本院育成的具有抗病性强、产量高、品质优良的高原 4 号为母本进行有性杂交，于 1992 年进行实生苗单株选择，后多代筛选，以及区域生产试验，加速繁殖而育成，原代号为 92-32-8，于 1999 年通过了青海省农作物品种审定委员会审定，并定名为青薯 2 号，青种合字第 0144 号为品种合格证号。特征特性：株型直立，株丛繁茂，长势强，株高在 88cm 左右，茎粗 1.15cm 左右，茎绿色，主茎数 2.2 个左右，分枝数 6.1 个左右，聚伞花序，花数 7～10 朵，排列较疏松，花蕾呈椭圆形，花冠浅紫色，天然果少，浆果圆形，绿色。薯块圆形，表皮光滑，白色白肉，致密度紧。芽眼浅，芽眼数在 6～8 个之间，结薯较为集中，单株结薯数 5 个左右，单块重 0.19kg，单株产量 0.8kg，休眠期在 35d 左右，且耐贮藏。块茎淀粉含量在 22.86%～25.83%，蒸食品味好，维生素 C 含量为 20.9mg/

100g，粗蛋白含量为 1.66％，还原糖含量为 0.626 7mg/100g。该品种属于晚熟品种，全生育期为 160d。植株耐旱性、耐寒性与耐盐碱性较强，薯块耐贮藏。抗马铃薯花叶病毒与卷叶病毒、抗晚疫病、环腐病以及黑胫病。

5.2 种植关键点与难点

青薯 2 号属晚熟品种。适宜播期为 4 月中旬。播种量 2.250～3.000t/hm²，水地密度 4.50 万株/hm²，旱地密度 6.00 万株/hm²。宽窄行种植，宽行 80～100cm，窄行 25～30cm，热量低的脑山地区可起垄等行距种植，行距 60～70cm，株距为 25～30cm。苗齐后及时除草、松土、灌水、施肥、培土。适合水地及中、低、高位山旱地种植。

5.3 应前景与案例

中国是世界上产马铃薯最多的国家，所以优秀的马铃薯品种十分受到青睐。1998 年在湟源县大桦乡种植 26 亩青薯 2 号，平均亩产 4 200kg，适合大面积推广应用。

主要完成人：张永成，纳添仓
主要完成单位：青海省农林科学院
技术成熟度：★★★☆☆

6 高淀粉甘薯标准化栽培技术集成与示范

6.1 成果简介

该项目在技术集成上：（1）经过统一示范品种与试验之后，最终筛选出渝薯 2 号、万薯 7 号以及万薯 34 等几个主推品种。（2）采用起垄早栽、合理密植的方法，把栽插密度控制在 3 000～4 000株/亩，实行双行错窝斜插。（3）进行配方施肥，栽种土壤中施足底肥，选择 45％（N：P：K＝15：15：15）硫酸钾复合肥 30kg/亩作为底肥，在玉米收获后再施用硫酸钾

10kg/亩，在甘薯收获前 40d 左右喷施浓度为 0.5％的磷酸二氢钾。（4）搞好病虫监测与防治工作，对蛴螬、蝼蛄这些地下害虫可采用辛硫磷、锐劲特进行系统防治，防治效果高达 91％。（5）强化田间管理，插苗与补苗，进行中耕除草培土，肥水管理，早施追肥并适时进行叶面施肥，提藤与割蔓。（6）适时收获与贮藏，收获时间集中在 10 月底至 11 月上旬之间，土温在不低于 15℃时就应该收完。要有良好的通风设备对甘薯进行贮藏。贮藏方法主要可通过普通大屋窖与高温窖等进行贮藏。该技术集成了测土配方施肥以及病虫综合防治，不但降低了种植过程中面源污染，减少了种植者的劳动强度，提高了生物产量的幅度，并且附产物——藤蔓可作为饲料喂养家畜或还田作肥，提高了资源的利用率，具有良好的生态效益。该技术经过两年试验示范，综合效益显著，可在重庆市大面积进行推广应用。

6.2　技术关键点及难点

关键点和难点在于开发了：（1）培育壮苗技术。一是采用了地膜保温育苗，提早栽植期；二是精心选择苗床地；三是精细整地、施足苗床肥，做成苗床，按每平方米施入畜粪水 50kg 兑过磷酸钙 0.5kg，草木灰 5kg 泼浇苗床；四是掌握好种薯放置技术，采用开沟放种，横放或竖放，按上齐下不齐的原则排放整齐；五是加强苗床管理，采取前期高温催芽，中期适温长苗，后期自然温炼苗的方法，并加强对苗床的中耕除草和病虫防治和施肥管理。（2）新的栽培模式。一是筛选出最优的小麦/玉米/甘薯麦地带轮作栽培模式：麦秆沟铺、肥料沟施、起单垄；二是筛选出最优的油菜/甘薯模式：油菜田（净作）起垄双行，错窝栽插。

6.3　应用案例与前景

本技术已在忠县、云阳、长寿、城口、合川 5 个区县推广应用，示范面积 5 628.3 亩，辐射带动面积 65.1 万亩，新增产值 9 588.21万元，为农民增产增收起到了极大的推动作用，促进重庆市甘薯产业的发展。本技术加快了推广甘薯标准化栽培的进程，提高了农民科学种田的能力，提高了甘薯单产和品质，加快了农民脱贫致富的步伐，具有显著的社会经济效益。

主要完成单位： 重庆市渝北区农业科学研究所
技术成熟度： ★★★★☆

7 一种马铃薯试管苗集群式切段繁殖方法

7.1 成果简介

一种马铃薯试管苗集群式切段繁殖方法，具体步骤与特点是：配制简化的 MS 培养基，在培养基中加入琼脂粉 6g/L，蔗糖的量为 30g/L，pH5.8；将培养基分装到培养瓶中，进行高压灭菌；灭菌后取出培养瓶中的全部基础苗，用消过毒的剪刀将取出的基础苗从其节间位置同时切断，将苗切入培养瓶；每瓶基础苗可切入 4 个新的培养瓶中；培养瓶中放置的茎段为基础苗数的 1.3～1.5 倍；摆放好茎段；将培养瓶进行封口培养；培养条件为温度 20～22℃，16h 光照后进行 8h 黑暗处理，培养 22～25d；重复上述步骤，直至最终达到所需要的量。具体操作：（1）基础苗培养：培养条件同上，每个试管苗应长到 5～6 片叶子。（2）配制培养基：配制简化 MS 培养基，分装到培养瓶中进行高压灭菌；取出待用。（3）集群切段：取出培养瓶中的全部基础苗，用消毒剪刀将取出的基础苗基本按其节间位置同时切断，切入准备好的培养瓶。（4）茎段摆放：切完一瓶基础苗后，将切入新的培养瓶中的茎段进行摆放，使每个茎段均匀分散平摆在培养基上，再进行封口。（5）培养：将封口的培养瓶置于培养室进行培养；培养条件同上述条件相同。（6）重复步骤（1）～（5）；直至所需要的量。

7.2 技术关键点与难点

在整个繁殖方法中应该注意的是培养基的灭菌，其次是要控制好培养条件，如温度、光照和黑暗处理的时间。

7.3 应用案例与前景

此技术将马铃薯苗集中培育，节约了成本，还有利于优势苗的筛选及脱毒，移栽后成活率高，产量较一般的育苗方法大为提高，值得广泛推广。

主要完成人：杨勇智，王舰，周云
主要完成单位：青海省农林科学院
技术成熟度：★★★☆☆

8 脱毒马铃薯微型种薯生产及繁育

8.1 成果简介

中国是世界上马铃薯生产大国之一，特点是种植面积大、生产量大、产品市场大且发展潜力大。目前，随着国际经济重心的东移，我国将成为亚太地区主要的马铃薯生产、加工以及销售基地。近年来，我国马铃薯加工业发展较为迅速，与此同时我国东南部经济较为发达地区的种植面积也在不断增加，并建立了加工原料以及出口创汇生产基地，目前，消费者食物结构在渐渐改变，同时对优质产品的需求也在增加，随着南方冬闲田得到有效的利用，以及中原棉花与玉米套种面积的增加，加之创汇农业的建立，市场对脱毒马铃薯种薯的需求也越来越大。此外，伴随着微型种薯生产技术的成功，为进一步缩短脱毒种薯的生产周期，形成工业化生产切实可行的手段，微型种薯生产技术可以给脱毒种薯扩繁技术带来重大革新，并且可以工厂化常年生产，而且繁育过程中还可做到不被病毒或其他病菌侵染，在此基础上最大限度保证脱毒薯的质量，加之微型种薯体积小便于交流与运输，因此此技术有极大的推广和应用前景。

8.2　技术关键点与难点

马铃薯微型种薯生产技术是在试管苗脱毒的基础上，在人为可控光、温、水、肥等可控因素的温室条件下，进行无土栽培扦插脱毒试管苗，通过浇施营养液和植物生长调节剂使其生长发育。在温室条件下生长培育，不受气候季节影响，不受病虫害干扰。

8.3　应用案例与前景

目前我国南方省份的冬种作物主要是红花草和油菜，种红花草主要是做绿肥，改良土壤；而种油菜可能每亩有 100 元左右的纯收入，若是种春马铃薯，每亩投入种薯 200 元，肥料、农药、农膜计 300 元，产出每亩 1 500kg，批发价 0.3 元/500g，则每亩的纯收入在 400 元左右，还不影响农民种植早稻，马铃薯的茎叶还是很好的绿肥，与水稻又是水旱轮作，符合农业可持续发展的观念，真是一举三得，具有非常大的社会效益和经济效益。

主要完成人：杨柏云
主要完成单位：南昌大学
技术成熟度：★★★☆☆

第二章 贮藏和物流

第一节 水 稻

1 绿色贮粮新技术优化集成示范

1.1 成果简介

该项目取得主要成果如下：（1）该成果优化集成并推广应用了 5 套绿色贮粮技术，并且实现了温控、减损以及减少药剂用量的考核目标。（2）该成果建立了多达 16 个绿色贮粮技术推广应用示范点，并且有针对性地重点开展了低温、准低温、控温以及低氧绿色贮粮技术专项试验与推广应用示范。（3）定型研制了 1 种低氧绿色贮粮专用配套设备，选择推广了 3 类新型温控贮粮专用配套设备。（4）系统开展了温控和低氧技术应用及贮藏安全水分基础研究，提出了相关工艺参数、技术指标和评价方法。提出 1 套适合低氧防治贮粮害虫的粮仓气密性指标和评价方法。完成了绿色贮粮品质敏感指标的筛选，制定了温控和低氧绿色贮粮技术评价方法和标准。（5）起草编制了 7 项相关技术规程，完成了《谷物冷却机应用技术规程》和《高大平房仓隔热保温技术规程》2 项国家标准的报批稿。制定并颁布了《氮气气调贮粮技术规程》《稻谷控温贮粮技术规程》和《高大平房仓膜下环流通风技术规程》3 项企业标准，《三北地区低温贮粮技术规程》和《西北地区保水通风技术规程》2 项规程也已编制完成待发布。

1.2 技术关键点及难点

研究确定满足气调贮藏、防虫、杀虫等不同目的所对应的粮堆温度、氧气浓度、处理时间等低氧贮藏技术应用工艺参数。研究不同粮食在不同温度和氧气梯度条件下各粮种的脂肪酸值、玉米的发芽率、稻谷和糙米降落值及糊化特性等品质指标，制定了温控和低氧绿色贮粮技术评价方法和标准。

1.3 应用案例与前景

在绵阳、南京和北海 3 个低氧绿色贮粮示范库点技术研发及试验成功后，总公司已先期确立了位于华东、华中、华南和西南地区的 60 多个直属库作为低氧绿色贮粮技术推广应用试点，并计划由此逐渐辐射到周边库点，低氧绿色贮粮技术初步形成规模。实施低温贮粮技术可确保粮食品质，降低粮食损耗，节约保管费用，应用该工艺贮存粮食可获得收益一般在 40~60 元/t，其经济效益非常明显。低温贮粮还杜绝了化学药剂的使用，确保了粮食在贮藏期间不受化学药剂的污染，也减少了磷化氢熏蒸等废气的排放而污染环境，社会效益显著。

主要完成人：卜春海

主要完成单位：中国储备粮管理总公司，辽宁粮食科学研究所，国家粮食局科学研究院和中国贮粮害虫应用技术研究中心

技术成熟度：★★★★★

2 粮食气调保鲜技术与产业化开发

2.1 成果简介

该项目主要开发的技术包括：（1）开发出具有新型防霉、防雾、防虫、防潮以及防陈化粮食专用保鲜膜新配方 5 种，相比原粮食保鲜膜其成本降低了 10%，在常温下，通过气调保鲜技术粮食在一年内基本保持原有品质。（2）粮食保鲜包装技术试验表

明：①充气与真空包装可有效地延缓大米的陈化。②在室温条件下真空包装的脂肪酸与还原糖的变化较小，并且明显没有自然密闭包装方式高。③筛选出了两种防霉粮食袋，且这两种包装袋在大米品质指标脂肪酸、还原糖的变化中都比普通粮食袋包装更好。④抽真空或充气等技术处理都不适合普通的 PE 薄膜。（3）植物精油对于大米贮藏的应用表明：①丁香精油、小茴香精油以及肉桂精油在 1：19 体积浓度（以丙酮为溶剂）下，对粮食贮藏中的赤拟谷盗成虫均有较强的驱避、触杀、熏蒸以及种群抑制作用，可以看出的是丁香精油的驱避作用优于其他两种，肉桂最弱。②从抑菌能力上来说，三种植物精油都具有一定的抑菌能力，从效果上来说，肉桂对菌丝生长的抑制较强，当其浓度达到 0.03％时，其抑制率可高达 100％。

2.2　技术关键点及难点

研究不同包装方式、不同温度气调包装、不同水分含量、不同材质薄膜以及不同植物精油对大米保鲜效果的影响，找到最佳的大米保鲜方法。

2.3　应用案例与前景

进行了大规模批量用户保鲜技术推广示范，建立技术示范户 100 余个，同时与天津市粮食集团、天津市津南国家科技园区、吉林省平安种业有限公司、磐石市裕华米业有限公司等龙头企业进行合作，在吉林省大面积进行推广示范，粮食总保鲜量达 6 400万 kg。

主要完成人：陈丽，马骏，关文强，陈绍慧，张平，高凯，阎瑞香，王海芬
主要完成单位：国家农产品保鲜工程技术研究中心（天津）
技术成熟度：★★★★☆

3 大米及米粉新陈度快速鉴别液生产技术

3.1 成果简介

由于环境以及微生物的作用,大米在实际的贮藏过程中会不断陈化,除口感会渐渐变差外,有部分营养成分还会转化成有毒有害物质。例如脂肪会氧化成脂质过氧化物,这种过氧化物是强力的心血管致病因子;另外,霉菌在代谢过程中会产生一种毒素,这种毒素称为黄曲霉毒素,其毒性是氰化钾的 10 倍,砒霜的 68 倍,且致癌性极强,可严重威胁人们的身体健康。传统上,大米新陈度需经过专业的技术人员通过相应的设备方能检测出,但时间较长、费用也高。目前,根据江南大学最新科研成果,无锡江南大学科技园进一步开发出了一种大米新陈度快速检测方法,此方法快捷、简便,普通市民都能轻松使用。该项目研发的鉴别液以及速测设备对于糙米、精米、免淘洗米、米粉及制品(非油炸)的新鲜度均可以测试。该技术的速度可以快到 1min 内识别大米及米制品(非油炸)的新鲜度,而且生产成本也不高,只有 2~3 元/盒,售价 8~10 元/盒。

3.2 技术关键点及难点

研究影响大米品质及大米陈化的各技术指标的检测方法,开发大米及米粉新陈度快速鉴别液和速测设备。

3.3 应用案例与前景

技术成果已通过省级鉴定,申报国家发明专利(申请号:200510037691.3),已完成产品设计、试产,正在试销。应用于大米及其制品生产、流通领域,能够带来很好的经济社会效益。

主要完成单位:江南大学
技术成熟度:★★★☆☆

4 延缓国家储备稻谷陈化的绿色贮藏技术研究

4.1 成果简介

该项目主要研究延缓储备稻谷陈化的方法与机理，属于绿色贮藏范畴。粮食经过较长一段时间贮藏后，尽管不会发生发热、生芽、霉变以及其他措施不当引起的危害，但伴随着内部原生质胶体结构松弛，酶的活性与呼吸能力的衰退，其种用品质、工艺品质以及食用品质都会有所下降，而这种现象就称为"粮食陈化"。但研究发现粮食陈化完全是可以控制和延缓的，这对减少国家储备粮食损失来说是极其有意义的。该项目主要研究成果如下：（1）贮藏过程中采用机械通风降温、遮阳网遮光、仓顶自动喷淋、泡沫隔热、胶膜密闭保温以及双料隔热技术贮藏稻谷，相比于常规贮藏稻谷采用这些技术后陈化速度可延缓1年以上，而且符合国家质量标准。（2）建立2个可延缓稻谷陈化的示范库，这对广东省贮藏稻谷以及延缓粮食陈化具有指导性作用。（3）通过采用泡沫隔热、胶膜密闭保温以及双料隔热延缓稻谷陈化效果相对会更好，但缺点是成本有些偏高。（4）上述技术可操作性较强，除了这个优点外，还具有绿色环保，对粮食安全以及对环境无污染等特点。（5）考虑到成本问题，要求新建仓库以及旧仓改造应根据条件选择合适的延缓稻谷陈化方法进行。

4.2 技术关键点及难点

研发储备稻谷的综合处理方法，提供通风降温、遮光隔热条件，以抑制或减缓稻谷陈化。

4.3 应用案例与前景

运用该技术建立了延缓稻谷陈化示范库2个，对全国贮藏稻谷、延缓陈化有指导性作用，该技术有效延缓了稻谷陈化速率，具有广泛的推广前景。

主要完成人：李文辉，何联明，邝国柱，陈嘉东，蒋社才

主要完成单位: 广东省粮食科学研究所,中山市储备粮管理有限公司

技术成熟度: ★★★☆☆

第二节 玉 米

1 鲜食玉米保鲜加工关键技术集成创新与应用

1.1 成果简介

随着我国居民生活消费水平的不断提高,平衡膳食已成为目前饮食方面的主流追求。鲜食玉米具有营养价值高、口味鲜美、风味独特,并且还有多种医疗保健功效,所以备受广大消费者的青睐。虽然我国鲜食玉米产量较大,但存在着许多瓶颈问题,如品种杂乱、加工专用品种匮乏、深加工程度低、产品种类单一以及产业化集成度差等。从 2003 年起,该项目便以提高鲜食玉米产品品质以及效益为目标,开展了多项技术攻关,取得了如下成果:(1)构建了 1 个评价技术体系,此体系是关于鲜食玉米加工品种品质的,筛选并育成了 9 个新品种专用于鲜食加工。(2)创新了鲜食玉米保鲜加工关键技术,并且从分子水平阐明了保鲜加工过程中品质变化与控制机理。根据鲜食玉米在采摘后自身生理生化特性与品质特征,创新性地提出安全无害化低温保鲜—玻璃态贮藏控制技术,将速冻玉米冷藏温度提高 2～3℃,可节能 10%;发明高温高压调理杀菌增香、节能降本真空软包装玉米加工技术;研究创制了果蔬连续预煮机、果蔬冷却节水装置,节能 22%,生产效率提高 10%。(3)研制了鲜食玉米高品质、高附加值产品 7 种,集成了鲜食玉米保鲜加工产业化技术体系。集成了从品种筛选及选育到种植、采收、加工、品质控制的链式产业技术体系,此技术体系处于国内领先水平。

1.2 技术关键点及难点

利用引进的 80 份鲜食玉米品种,通过风味、支/直链淀粉

比、可溶性固形物等 6 个品质指标对不同加工用品种进行有效评价，建立风味、类胡萝卜素质量特征指纹图谱及基于 Microsoft Dotnet 平台的该省鲜食玉米品种加工品质基础数据库系统。依据品质核心评价指标，筛选出适合真空软包装及制汁加工的新品种。

1.3 应用案例与前景

运用该项目技术，形成真空软包装玉米、甜糯玉米汁、甜玉米泥、甜玉米复合固体饮料、紫玉米醋及紫玉米酒等系列高值及新产品，获江苏省名牌农产品称号。研究成果在江苏及湖北、安徽、山西、吉林等省示范推广，鲜食玉米按平均亩产 750kg 计，每亩效益 1 500 元以上，加工成真空软包装玉米每亩增效达12 000 元、加工成玉米汁每亩增效 18 000 元以上，19 家企业应用增加经济效益 11.61 亿元，为农业增效、农民增收做出了贡献。该技术成果推广玉米品种和加工技术值得进一步扩大推广，经济效益显著。

主要完成人：刘春泉，李大婧，宋江峰，顾振新，戴惠学

主要完成单位：江苏省农业科学院农产品加工研究所，南京农业大学，国家农业科技华东（江苏）创新中心——农产品加工工程技术研究中心

技术成熟度：★★★★★

2 储备粮减损生物测防新技术和仪器研发

2.1 成果简介

该课题来源于国家科技支撑计划项目（2009BADA0B05），经过长达三年的联合攻关以及潜心研究，筛选出了主要反映贮粮品质变化的特征挥发性物质，并且建立了小麦、稻谷以及玉米主要的挥发性成分信息数据库，通过建立电子鼻快速检测小麦、稻

谷以及玉米霉变的识别模型，创新性地研制出一台电子鼻样机可对谷物进行快速检测，该仪器特点有高效、快捷、绿色以及经济等特点，其次还有不使用化学试剂，不污染环境及操作简单的特点。在贮粮预警研究方面，通过明确在实仓贮粮情况下贮粮微生物危害滋生与产生 CO_2 含量积累变化之间的一个线性关系，解析出 CO_2 浓度变化预警贮粮真菌在仓储中的活动过程中的变化情况，研制出了两套贮粮真菌危害早期在线检测仪器，在完成软硬件多次测试的基础上，该仪器在中国中央储备粮库进行了实仓测验，并且目前国内还未见相关报道。建立针对贮粮害虫高活性苏云金芽孢杆菌筛选、测定技术体系，获得了多株针对鞘翅目高毒力的菌株，并明确了相关功能基因。建立了贮粮真菌的生防微生物筛选技术体系和真菌毒素降解微生物筛选技术体系，完成了1株高效降解玉米赤霉烯酮（ZEN）的降解菌株筛选和降解机理质谱解析，并完成了大肠杆菌、毕赤酵母高效表达系统的构建和中试发酵研究，将通过产业化开创中国真菌毒素污染粮食新的处理技术途径，并显著降低真菌毒素对中国的粮食食品、饲料加工和畜牧养殖的严重危害。

2.2 技术关键点及难点

研究筛选主要反映贮粮品质变化的特征挥发性物质，建立小麦、稻谷、玉米主要挥发性成分信息数据库，通过建立电子鼻快速检测小麦、稻谷、玉米霉变的识别模型；研究贮粮微生物危害滋生与产生 CO_2 含量积累变化之间的线性关系，解析 CO_2 浓度变化预警贮粮真菌在仓储中的活动变化情况，研制贮粮真菌危害早期在线检测仪器。

2.3 应用案例与前景

通过该课题的研究，增强生物技术在粮食产后，特别是在粮食贮藏阶段的研究和应用，减少粮食产后损失，保住粮食丰产增收成果，增强国家粮食生产综合能力，提高国家储备粮在应对金融危机的贡献率，保障国家粮食安全。总之，随着该课题研发成果的产业化，不仅将取得巨大的经济效益，也将产生显著的社会效益和环境效益，具有广阔的发展前景。

主要完成人：吴子丹，孙长坡，伍松陵，唐芳
主要完成单位：国家粮食局科学研究院等
技术成熟度：★★★★☆

3 鲜食玉米生物调控与常温气调保鲜技术

3.1 成果简介

鲜食白糯玉米即糯玉米，营养、香甜，属于健康食品。但研究发现，其淀粉酶活性极强，采后常温 5h 品质就会急剧劣变，即使在 0℃的条件下，保鲜时间也只有 2～3d。目前，多数鲜食白糯玉米保鲜主要采取－40℃速冻或－18℃冷冻贮藏，这种方法耗能高、生产成本也较大，加之运销时，一旦解冻或反复冻融，会产生醛类腥味。还有采用真空包装蒸煮保鲜法，但是这种保鲜方法在高温加工后，会发生严重的美拉德反应，保鲜后期也会变色、变味。因此，开发出适合我国国情的甜玉米实用保鲜技术是十分有必要的。该技术采用反压灭菌技术对鲜食白糯玉米进行加工，通过检测灭菌后的颜色与糖度指标以及 30℃恒温贮藏 90d 后各项口感指标和微生物指标，最后确定了最佳的反压灭菌时间为 40min，采用此方法可保证贮藏期间微生物得到很好的抑制及鲜食糯玉米食用品质较佳。通过一些物性指标以及高温反压灭菌过程中的爆袋率，最终筛选出 5 层 PE（聚乙烯）/PV（聚氨酯）/PVC（聚氯乙烯）复合材质透明袋，选用这样材质的透明袋效果较好，它能够明显降低灭菌及后期贮运过程中包装袋的损坏率，并且节约成本 10%左右。采用反压式灭菌与充气包装相结合的高糖、高水分、高酶活淀粉类鲜活农产品"液—汽/气—固"三相联动热对冲传质灭酶及灭菌新技术，效果最好。另外，

研究比较了空气、CO_2 以及 N_2 三种气体介质对鲜食玉米品质与营养价值的影响，从最终的结果可知，在包装袋中充入氮气可有效保证鲜食玉米的感官品质与玉米中的营养价值。

3.2 技术关键点及难点

通过对鲜食糯玉米进行反压式灭菌和充气包装，实现鲜食糯玉米良好的保险效果。

3.3 应用案例与前景

该项目首次研制开发出鲜食玉米保鲜与包装技术，使鲜食玉米的生产不受季节影响，可实现周年供应，在玉米加工产业化生产中具有重要的地位。值得推广应用。

主要完成人：刘霞，张轶斌，李喜宏，贾晓昱，李莉，贠娟，邵重晓，刘海东，杜林雪，李琪，陈兰，杨维巧

主要完成单位：天津捷盛东辉保鲜科技有限公司等

技术成熟度：★★☆☆☆

第三节 小 麦

1 小麦质量监控关键技术研究与示范

1.1 成果简介

该项目在研究和分析的基础上，筛选出具有高磨粉性能的优质专用小麦品种多达 18 个，制定出小麦生产技术规程 3 套，这 3 套规程分别涉及优质强筋、优质弱筋和优质中筋，筛选出 4 项小麦品质评价指标，并将这些评价指标应用到了快速检测实践上，另外，建立了 1 套品质测报和信息服务体系及仓贮粮品质监控体系。其主要研究成果如下：（1）通过在不同基地的多个基点进行品种筛选及栽培技术调控效应研究，最终筛选出 18 个新品种，这些品种具有高磨粉性能且适合在不同品质生态类型区种植。（2）制定了优质专用小麦高效栽培技术规程 3 套。（3）分析

小麦籽粒样本，结合面食制品品质性状的研究，明确了以食品加工品质、稳定性能为基础的品质评价指标体系，以及标准快速的检测技术与方法。（4）构建了关于小麦安全贮藏测报系统，贮藏过程中可对小麦质量进行动态监测及预警，同时可通过检验检测区分全省优质小麦和普通品质小麦的品质。（5）筛选出了灵敏与易测小麦贮藏品质的一个评价指标，建立了评价与监控小麦贮藏品质体系，其正确性、实用性和准确性在国家粮食储备库中得到了检验和校正。

1.2 技术关键点及难点

筛选高磨粉性能优质专用小麦，筛选出灵敏、易测的小麦贮藏品质评价指标，建立了小麦贮藏品质评价和监控体系，并构建小麦安全贮藏测报系统，对质量进行动态监测和预警，并向社会提供信息服务。

1.3 应用案例与前景

利用该技术成果，建立研究基地 8 个、示范点 68 个。示范点小麦产量显著提高，品质优化升级。多年多点累计示范推广面积 19.2 万 hm^2，增产 131 700.6t，产生经济效益 25 023.2 万元。同时，品质评价体系与测报、储备小麦品质评价和监控等研究结果具有巨大的潜在效益，储备小麦损失率从 0.2% 降低至 0.1%，每吨小麦按 1 900 元计算，仅河南郑州国家粮食储备库 20 万仓容粮库每年减少损失 200t，计 38 万元。

主要完成人：贺德先，马新明，王晨阳，冀亚丽
主要完成单位：河南农业大学，河南国家粮食储备库
技术成熟度：★★★★★

2 华北平原农户贮粮减损技术集成与示范

2.1 成果简介

该项目针对我国华北平原小麦主产区贮粮生态以及小麦的贮藏特点，开发研制了4种具有区域特点、新材质及系列化仓容的粮食专用贮藏仓；集成了华北、东北及长江中下游三大平原小麦、玉米、稻谷安全贮藏工艺。主要技术成果有：（1）研究筛选出适用于农户的塑革，该塑革为防鼠型PVC双面涂塑革。确定了适用于华北平原使用的农户贮粮示范仓的制作新材料，如热浸镀铝钢板、PE塑料板材及PVC双面涂塑革等。（2）研究出3种小麦贮藏的工艺模式，分别为常规贮藏、热密闭贮藏、自然缺氧贮藏，这3种模式都较适合华北平原地区。研究出3种玉米贮藏的工艺模式，如穗藏、粒藏、干燥后玉米的贮藏模式，这三种模式适合东北平原地区。研究出2种稻谷贮藏的工艺模式：安全水分稻谷的农户贮藏以及偏高水分稻谷降温降水贮藏，这2种模式适合长江中下游平原地区。（3）完成了农户小麦贮藏技术规程的制定，拟申报行业标准，并且完成了2个农户粮仓生产的企业标准。（4）研究开发出了一种新型绿色食品安全的高效防虫保鲜膜，有效解决了我国缺乏粮食防虫保鲜膜的科技难题。该保鲜膜是以绿色食品安全的聚乙烯烃基材料为基材制成。

2.2 技术关键点及难点

关键在于贮粮装具新材料的研发，根据小麦的贮藏特性和当地的气候条件，研发适宜的小麦贮藏工艺模式；研究农村贮粮品质的保鲜技术；另外，制定农户贮粮技术规范、规程、标准，给农户培训科学的贮粮方法是该技术成果能够有效实施的重要前提。

2.3 应用案例与前景

在河南、河北和山东3省建立了25个示范区，3 965个示范户，通过小麦安全贮藏工艺及专用贮粮仓示范，将贮粮损失率降低到 4% 以内；在河南省建立了首个华北平原"农村科学贮粮技术服务站"；创建了以农户贮粮专用仓为主要产品的农户贮粮仓加工生产基地 11 个；研究成果取得了良好的示范效果和巨大的社会经济效益。实施过程中每年每户粮食减损约 120kg，相当于节支 228 元，技术辐射约 28 万户，减少农户贮粮损失 3.3 万 t，相当于增加间接收入 6 384 万元。3 个示范仓生产企业近 3 年新增销售额 12 200 万元，新增利润 1 830 万元，新增税收 1 220 万元。项目研究成果对于保证中国粮食安全，解决"三农"问题，促进农村经济发展和社会主义新农村建设意义重大。四川粮食生产以散户为主，该技术成果农户专用贮藏粮仓适合在该地区域推广应用，将有力促进该地区农村经济发展和社会主义新农村建设意义重大。

主要完成人：王若兰，白旭光，田书普，张浩
主要完成单位：河南工业大学粮油食品学院
技术成熟度：★★★★★

3 储备粮堆湿热调控减损关键技术和设备研究与示范

3.1 成果简介

该项目技术主要用于大型储备粮库仓贮粮堆的湿热调控与保质减损，该技术具有重要应用和推广价值。主要技术成果：（1）针对我国主要粮种仓储中湿热调控减损现象，对粮种平衡水分、粮堆的导热系数、比热以及热扩散系数、孔隙率等众多物性参数一一进行了研究与测定，优化了其水分解吸和吸附平衡方程，据此可以计算出不同温度下的粮种安全水分高于现有粮食安全贮藏水分约 0.5%，在贮藏过程中，适当提高粮食安全贮藏水分对粮食贮藏具有重要应用价值。（2）构建了多粮种、多品种的粮食籽

粒和粮堆湿热基础参数数据库，这些参数填补了中国粮食湿热基本特性参数研究的空白。（3）开发出粮堆平衡绝对湿度以及露点温度查定方法软件，该软件可供粮食仓储企业安全贮粮保粮使用。（4）创造性列出了小麦粮堆力学特性、电学特性与密度之间的关系方程式，研制了粮堆密度仪，该密度仪填补了粮仓中粮食密度分布特性研究的空白。（5）构建了筒仓、房式仓中小麦重量计算模型和软件。研制开发了可用于模拟粮堆静态仓储过程和机械通风过程中温度分布变化的实仓模拟软件，实验验证其具有较高的模拟精度；湿热传递模型的研究为仓贮粮堆湿热调控奠定了基础，填补了粮食仓储研究领域空白。（6）研制了可用于粮堆多向通风的高效节能的新型智能化谷物冷却机、节能通风系统测控平台以及结露仪，通过对钢板仓的结构改造、减损调控技术与装备在钢板仓上的集成优化和中试示范，可实现钢板仓的仓贮粮食安全。

3.2 技术关键点及难点

研究中国粮食湿热基本特性参数，开发粮堆平衡绝对湿度和露点温度查定方法软件，供粮食仓储企业安全贮粮保粮使用。提出小麦粮堆力学特性、电学特性与密度之间的关系方程，研制粮堆密度仪。

3.3 应用案例与前景

该技术成果符合国家科技发展战略，对国家粮食行业中长期发展规划的贯彻实施，对粮食贮藏和保质减损提供了有益支撑，经济效益和社会效益巨大。

主要完成人：于素平，张忠杰，杨德勇，李兴军
主要完成单位：北京东方孚德技术发展中心等
技术成熟度：★★★★☆

4 多源图像信息融合的仓储活虫检测及自动识别

4.1 成果简介

据统计，世界各地收获后的粮食损失在 $10\%\sim15\%$，而这其中的 5% 几乎是被贮粮害虫所糟蹋。只有准确的检测，才能做到有效的防治。目前，有种方法叫计算机视觉法，该方法具有粮虫图像可视化以及劳动量小等优点，是一种很有潜力的粮虫检测方法。针对我国《粮油贮藏技术规范》指出只需对粮虫活虫进行准确计数及分类的做法，可见光—近红外双目计算机视觉的粮虫检测新方法被首次提出，该检测方法解决了基于计算机视觉的活虫准确识别及识别种类、识别率增加的难题，并取得了以下技术成果：(1) 第一次探讨了基于近红外计算机视觉的粮虫生命体征检测机理。(2) 本研究首次提出关于可见光—近红外双目计算机视觉的仓储活虫检测方法，该方法是运用近红外相机以及可见光相机的融合信息来精确定位活虫与死虫，其中活虫判别准确率几乎达到了 100%。(3) 本项目针对不同细小形态差异的粮虫分类，第一次提出了一种普适与有效的数字图像中粮虫局部特征的提取方法。(4) 第一次研制了多源图像信息融合的仓储活虫检测系统，实现了小麦粮仓中活虫自动识别的全部自动化，为粮虫自动检测提供了全新、快速以及有效的技术装备。

4.2 技术关键点及难点

研究了死活虫体的代谢差别对近红外光谱反射特征的影响，建立了粮虫生命体征与其近红外反射光谱之间的相关关系，确定了能有效区分活虫和死虫的最优光谱波长及最短可区分时间，为近红外计算机视觉技术自动判别粮虫的死活奠定了坚实的理论基础。研究运用近红外相机和可见光相机的融合信息精确定位活虫和死虫的技术，解决计算机视觉检测系统无法判别活虫的问题。研究粮虫分类识别中局部特征识别技术，有效提高活虫的分类正确率。

4.3 应用案例与前景

本项目从根本上改变了粮虫检测的现状，解决了粮虫分析中的"假死"现象，实现了常见仓储活虫的自动、准确计数及分类识别。若使贮粮损失率再降低 0.05%，每年可为国家挽回经济损失 3.0 亿元，因此本项目不仅具有重要的学术价值，而且有重大的社会、经济、生态效益，应用前景十分广阔。

主要完成人：张红涛，胡玉霞，刘新宇，张昭晗
主要完成单位：华北水利水电大学
技术成熟度：★★★★☆

5 成品粮贮存保鲜技术和设备设施的研究开发

5.1 成果简介

进行成品粮的储备是为了保障成品粮价格以及质量稳定，满足市场需求，但目前的贮粮化学药剂防虫防霉等技术确构成了对成品粮贮存质量影响的重要因素，因此，成品粮安全绿色贮存保鲜技术与设备的研究开发是急需的。该项目的主要研究成果有：（1）针对成品粮易受自身生理、外界环境影响以及微生物、害虫感染等诸多问题，项目采用了低温以及气调等技术实现了成品粮绿色贮存，极大地延长了成品粮的贮藏时间，确保了像大米这样的成品粮安全贮存 1 年以上。（2）对大型水冷机械制冷系统的集成及低温贮藏工艺进行了优化；获得了氮气气调过程中虫、霉防治的关键技术参数。（3）研究了面粉贮藏期品质指标变化规律以及面粉中微生物区系，并建立了贮藏期面粉品质预测模型，提出了面粉贮藏品质变化敏感指标、贮藏条件控制、检测方法以及小麦粉绿色防霉防虫贮藏技术。该技术成果通过了实仓试验并得到熟化，且成果为绿色贮存技术，没有使用有毒有害化学药剂，安全性能好。此成果可向一些仓储企业进行推广应用。

5.2 技术关键点及难点

开展成品粮贮藏品质特性研究，应用低温、气调等技术实现成品粮绿色贮存，延长成品粮的贮藏时间；进行大米 PVC 保鲜膜常温超长期贮藏技术研究；进行小麦粉贮藏期品质变化规律及其预测模型研究，提出面粉贮藏期品质控制指标与检测方法，提出小麦粉绿色防霉防虫贮藏技术。

5.3 应用案例与前景

技术成果已在上海杨思等 10 余家粮食仓储企业应用，有效地延长了贮藏期，减少了轮换，降低了贮存成果，效果良好，带来了显著的经济社会效益。

主要完成单位：南京财经大学
技术成熟度：★★★★☆

第四节 高 粱

1 甜高粱秆冻藏保鲜技术

1.1 成果简介

对于甜高粱这种新的可再生的生物质能源目前已受到国家的极大关注。而将甜高粱用于制备燃料乙醇，可以使得甜高粱的用途得到最大价值的体现。当然，甜高粱的产业化从最基本的来讲离不开种植业的规模化，只有甜高粱获得到大规模地种植，燃料乙醇的制备才能得到充足的原料供应。不过，甜高粱的生产季节性很强，在我国的北方甜高粱适合生长的地区，一年也只能栽种一季。甜高粱秆糖分最高的积累期便是甜高粱适合的收获期，我国北方主要集中在秋末，那时必须对大面积的甜高粱秆进行收割。否则，来年的耕种将会受到影响。但对于一些加工企业来说，那些收割后的大批量的甜高粱秸秆并不能做到一次性完全处理，这就对甜高粱的保藏提出了新的问题。该项目开展了甜高粱秆的冻藏试验，该试验因地制宜，利用新疆地区冬季的冷源，在天然的条件下，探讨了一种经济、适用以及有效地延长加工原料供应期的可行的技术方法，即冻藏保鲜法。

1.2 技术关键点与难点

此技术的关键工艺路线：甜高粱秆—收割—去叶去穗—打捆—码垛—露天冻藏。甜高粱秆在冻藏初期的前 40d，可溶性固形物含量、总糖含量呈逐渐上升之势。之后，一个月的总糖、可溶性固形物含量逐渐下降。冻藏两个月后，总糖、可溶性固形物含量变化趋于稳定。

1.3 应用案例与前景

在甜高粱种植区，由于大批量的甜高粱秸秆并不能做到一次性完全处理，为如何保藏收割后的甜高粱提出了新的要求。以冻藏技术对甜高粱进行保藏，其技术简单易行，值得大面积推广应用。

主要完成人： 蒲彬，贺玉凤，贾雪峰
主要完成单位： 新疆农垦科学院特产所
技术成熟度： ★★★☆☆

2 利用甜高粱茎秆加工粗乙醇（原酒）技术——甜高粱种植、冻贮及简易冻秆加工技术要点

2.1 成果简介

利用甜高粱为材料生产燃料乙醇在 21 世纪这个能源紧张的世纪越来越受到许多国际组织以及国家的重视。我国在这方面起步相对较晚，近年来虽然国内很多科研单位以及相关企业已成功地利用甜高粱茎秆生产出了优质乙醇，但对于其真正的产业化发展还并没有实现。其主要的原因就是甜高粱茎秆收获期要求十分严格，必须在贮存糖分最多的时期进行收割，并且收割后贮存也较困难，所以甜高粱茎秆的可加工期较短，只有

1～2 个月的时间。大多时候都会造成设备利用率低、资源浪费的情况。当然这也是制约甜高粱茎秆加工生产乙醇产业化发展的主要瓶颈。在我国北纬 40～50°的北方寒冷地区，冬季便相当于是一个天然大冷库，这些地区几乎一年中有 5 个月以上的时间都属于低温期。如果将这个天然冷库应用适当，将我国北方地区的甜高粱茎秆进行低温保存，甜高粱茎秆的可加工期将会得到有效地延长。甜高粱冻秆主要加工工艺流程为：冻秆—粉碎—揉碎—蒸汽预热—热料翻混—拌入酵母—室内发酵—蒸馏—粗乙醇。贮藏时茎秆存放的垛不能过大以防止茎秆发热霉变。有很多因素会影响到发酵周期的长短，如入料的温度、环境温度以及酵母的种类与用量，还有就是发酵料多少。常规发酵时，温度一般情况下不能超过 34℃，否则，发酵能力将会受到较为明显的影响。

2.2 技术关键点与难点

甜高粱的茎秆贮藏存放的垛不要过大以防止茎秆发热霉变；控制好入料的温度、环境温度、酵母的种类与用量、发酵料多少这几个重要参数。

2.3 应用案例与前景

2007—2008 年吉林市农业科学院在鲜秆加工的基础上对茎秆的贮藏，尤其是冻贮进行了研究，并在 2008 年 1 月最寒冷的时期进行了冻秆加工实验，取得了良好的效果。实验表明，采取冻秆简易固态发酵法加工粗乙醇，50% 粗乙醇的出酒率为12.87%，与鲜秆加工出酒率 13.19% 相比，仅下降了 0.32%。冻秆加工较鲜秆加工出酒率下降不明显，仅增加了冻料预热与热料翻混两个环节，无需增加新的设备。

主要完成人：张占金，宋 冰，吴利兴，李源有
主要完成单位：吉林省吉林市农业科学院
技术成熟度：★★★☆☆

第五节 薯 类

1 薯类贮运新技术研究与开发

1.1 成果简介

主要技术成果包括：（1）该成果利用恶性杂草紫茎泽兰研发出一种天然薯类保鲜剂——泽兰鲜，这种保鲜剂与化学保鲜剂相比，可有效减少恶性杂草紫茎泽兰对环境造成的危害，其次还能变废为宝，对薯类起到较好的抑芽保鲜作用，并且这种抑芽作用还具有可逆性，最后也不像其他化学抑芽剂那样有残留污染。（2）该成果可解决薯类在储运过程中一些诸如保鲜、抑芽、防病的问题，延长其贮藏时间，减少不当贮运造成的高损耗。该技术成果经光友薯业绵阳、西充以及安县等基地红薯集中贮藏库及分户贮藏户推广示范，协助建立了贮藏能力达 100t 鲜薯集中窖 1个，贮藏时间可延长 2～3 个月，并且保证了种薯质量及企业加工原料薯的持续供应，鲜薯实现了周年销售。（3）该成果创新了"烯效唑调控马铃薯种薯贮藏技术"，种薯发芽时间得到有效调控。（4）该成果研制了"新型种薯贮运箱"，该箱的特点是有利于种薯在贮运过程中通风、透气、搬运便捷、防病菌交叉感染以及防种薯挤压和易于清洗消毒。

1.2 技术关键点及难点

通过研制抑芽保鲜剂，解决薯类在储运过程中存在保鲜、抑芽、防病的问题，从而延长贮藏时间，减少因贮运不当造成的高损耗。

1.3 应用案例与前景

该成果技术的示范和推广将带来巨大的经济效益。仅以甘薯为例，四川省常年甘薯种植面积 1 400 余万亩，总产量 1 700万 t，按 30％ 作为鲜食薯及种薯贮藏计，年贮藏需求量达510 万 t。如果该项目甘薯贮藏技术在全省得到全面推广，并得到良好的运用，按至少能降低甘薯贮藏10%的烂薯率，按贮藏后批发价1.4元/kg计，全省每年贮藏损失将减少7亿元。此外，甘薯种薯贮藏减少损失、种薯质量提高，将带来种植面积和产量的增加，按在总产量1 700万t基础上增产3%计，鲜薯价1元/kg计，还具有5亿元以上的潜在经济效益。

主要完成人：王西瑶
主要完成单位：四川农业大学
技术成熟度：★★★★★

2 甘薯气控保鲜关键技术与配套设备研究与示范

2.1 成果简介

该项目基于甘薯产业发展技术需求，开展一个对甘薯气控保鲜关键技术与相关配套设备的研究与示范，研发一种用于甘薯专用保鲜的装备，形成了以臭氧处理时间、频率以及窖内气体浓度间歇调控的甘薯节能气控保鲜的核心技术。该项目的主要研究内容有以下七个方面：（1）负离子与臭氧协同保鲜技术研究。（2）甘薯气控保鲜关键技术研究。（3）保鲜库体处理管路布建优化研究。（4）甘薯专用臭氧保鲜设备研制。（5）甘薯气控保鲜技术与配套装置集成优化研究。（6）甘薯保鲜技术标准制定与低碳指标测评研究。（7）甘薯贮运的HACCP体系建立及甘薯安全生产可追溯体系研究。此外，该项目组对传统的半地下窖进行了一定的技术改建，在原有基础设施上，匹配了相应的保鲜设备。经过连续三年的应用示范，使得甘薯适贮温度从原来的10～13℃拓宽到了现在的8～15℃、适贮湿度由先前的85%～90%拓宽到现在的80%～95%；使得甘薯"发汗期"时间在原来的窖藏基础上缩短了17d，极大地减少了甘薯的营养损失；采用气控贮藏保鲜的甘薯不论是色泽上，还是新鲜程度上，几乎和先前一样，失水率在 5% 之内。该气控保鲜技术实现了甘薯的低温无冻害以及回春无菌害的保鲜效果。

2.2 技术关键点及难点

研究解决甘薯采收后呼吸作用较强，失水率大，易发生冻害菌害的现象，开发有效的气调保鲜技术。

2.3 应用案例与前景

2008—2010 年安徽东宝食品有限公司先后建立了 4 个甘薯生产贮藏基地，新建改建甘薯气控保鲜窖 25 座，三年累计为企业直接新增利润共计 11 656.1 万元，新增税收 1 982.07 万元，直接增加出口创汇 184.91 万美元。技术成果为公司甘薯生产基地直接增加经济效益共计 13 192 万元，带动了当地农村经济发展。2008—2010 年甘薯气控保鲜关键技术与配套设备研究与示范项目研究成果在安徽省内推广应用，累计创造经济和社会效益 16 184.64 万元，取得了显著的经济和社会效益，值得在其他省市甘薯种植区进一步推广应用，前景广阔。

主要完成人：殷俊峰，王林坤，叶克连，徐宏青

主要完成单位：安徽东宝食品有限公司，安徽省农业科学院农产品加工研究所

技术成熟度：★★★★★

3 马铃薯贮藏设施及保鲜技术研究与集成示范

3.1 成果简介

该项目主要的研究成果：（1）抑芽剂新产品：CIPC 粉剂、乳油、气雾剂，浓度分别为 2.5%、30%、50%，经抑芽剂处理过后的马铃薯在低温条件下贮藏 7 个月，其抑芽率高达 97.14%，每吨马铃薯药剂的处理成本也不超过 20 元，经过残留降解动态以及毒理学试验研究，其 LD_{50} 的量大于 5 000mg/kg，

表明其低毒，且对人体和环境安全。（2）研究了二氧化氯（ClO_2）对马铃薯干腐病菌以及软腐病菌菌体形态结构影响，建立了相应的毒力回归方程；经 ClO_2 处理的马铃薯贮藏 5 个月，其平均腐烂率为 3.8%，比对照组马铃薯平均腐烂率降低 17.2%，且处理每吨马铃薯的药剂成本不会超过 6 元。（3）制成我国首台马铃薯抑芽剂雾化机，并结合马铃薯贮藏设施内循环通风系统使用，可实现药剂在马铃薯贮藏期间的省力、简便以及安全施用。（4）系统研究并确定了马铃薯在不同用途时的最适宜贮藏条件，创新性地提出了冬季保温以及春秋季利用自然冷源降温排湿与调节气体成分的贮藏技术模式。（5）开展了贮藏效果试验并集成贮藏管理技术，贮藏初期以及末期窖内平均温度降低 2℃以上，马铃薯贮藏 5 个月，损失率可降低 6.2%～9.7%；集成的抑芽防腐技术可使马铃薯贮藏时间有效延长到 7 个月以上。

3.2 技术关键点及难点

利用自然冷源的无能耗和低能耗新型马铃薯贮藏窖建造技术模式；采用薯堆上下联动通风技术，设计地面通风系统和内循环系统的新型马铃薯贮藏窖；研发出用于马铃薯贮藏期间强制通风自控装置和马铃薯抑芽防腐剂雾化施用设备。

3.3 应用案例与前景

截至 2015 年，在甘肃、内蒙古、吉林等 14 个省、自治区建成马铃薯贮藏窖 3.3 万座，新增贮藏能力 86 万 t，涉及农户 2.9 万家，合作社 2 200 个。在甘肃省定西、平凉、白银、临夏等 9 个马铃薯主产区进行了大规模示范推广，建成马铃薯贮藏窖近 1.3 万座，涉及农户 8 645 家，合作社 313 个，示范贮藏马铃薯超过 45.7 万 t，年均损失率降到 10% 以下。激发了农户和合作组织利用该技术贮藏马铃薯的积极性，实现了错峰销售、均衡上市、减损增效的目的，社会和经济效益显著，项目整体达到了国内领先水平。

主要完成人：田世龙

主要完成单位：甘肃省农业科学院农产品贮藏加工研究所

技术成熟度：★★★★☆

4 甘薯产业链关键技术及其产业化示范

4.1 成果简介

为加速我国甘薯食品加工产业的发展提供科技支撑，此项目重点研究并解决以高淀粉甘薯以及紫色甘薯为原料工业化生产新型绿色加工食品的关键技术问题。其主要的研究结论如下：（1）通过对四川盆地紫色甘薯原料营养成分的研究得知，绵紫薯9号花青素含量较高，并且显著高于其他同类品种，综合品质也较好。种植时，施钾量的适当增加有利于紫色甘薯花青素含量的提高以及品质的改善。在移栽后的第6周追钾，成熟期紫色甘薯块根氮、磷、钾含量最高，在甘薯移栽6周前追钾有利于甘薯产量和淀粉产量的提高。（2）甘薯加工时，不同干燥工艺以及参数对紫薯丁颜色影响很大，本研究通过对薯丁大小、护色液选择、蒸煮时间以及护色时间的研究表明 1cm×1cm×1 cm 体积的紫薯丁更为适合工业生产。护色时间为 10min，蒸煮时间为 15min，干燥温度 80℃，且选择适宜浓度的护色液（浓度 0.5％柠檬酸＋浓度 0.5％抗坏血酸）护色效果最好。（3）通过研究，还创新了一种全薯粉丝节能干燥技术，此技术大大缩短了全薯粉丝干燥时间及干燥困难的技术难题，同时为甘薯深加工规模化以及工业化加工提供重要的技术支持，既保障了产品质量又降低了生产成本，为甘薯主食化提供了必要的条件。

4.2 技术关键点及难点

开展对甘薯营养成分保护技术研究、甘薯高效快速去皮技术及其配套设备研究、甘薯杀青护色抗氧化技术研究与甘薯营养早餐新技术及其配套设备研究；研究甘薯全粉与甘薯营养早餐新工艺，以甘薯为原料加工生产甘薯全粉及甘薯全粉食品；开发甘薯营养早餐等系列主食产品。

4.3 应用案例与前景

本课题建成年产 1 000t 甘薯全粉、全薯粉丝生产线各 1 条，建成全国主食加工业示范企业（其他杂粮—甘薯主食示范基地），具有显著的社会和经济效益。

主要完成人：黄钢，邹光友，何强，任东

主要完成单位：四川省农业科学院，四川光友薯业有限公司，四川大学

技术成熟度：★★★☆☆

5 马铃薯种薯恒温库贮藏技术

5.1 成果简介

该项目采用愈伤、预冷及合理堆码等措施，预防种薯贮藏保鲜中存在的发芽以及霉变等问题，通过采用贮藏期间的降湿、温度管理、通风换气以及使用防腐剂等技术手段，有效地控制了马铃薯种薯贮藏期间发芽和霉变的问题，马铃薯贮藏 6 个月后，发芽率低于 10%，其腐烂率低于 7%。研究内容包括：（1）不同种薯贮藏特性的研究。包括三个方面：①贮藏期间马铃薯失鲜、失重以及发芽情况的研究；②不同用途薯类贮藏期间主要的生理以及侵染性病害的研究；③不同种薯的最佳愈伤条件研究；（2）研究不同种薯的最佳贮藏条件。（3）建立不同种薯规范的采后商品化处理标准。（4）与国内外同类技术相比，该课题进行了马铃薯种薯恒温库贮藏技术，包括甘肃省种薯大西洋、夏波蒂、台湾红皮等优质种薯在内，另外，还进行了采后贮藏特性与采后病害的研究；根据该系统筛选出愈伤、预冷及贮藏环境等最佳贮藏条件；提出了硅酸钠、二丁基羟基甲苯以及康壮素等诱抗剂处理减

少马铃薯采后病害的方法；并建立种薯规范的采后商品化处理程序等，目前国内还未见相同文献报道，处于领先水平。

5.2　技术关键点及难点

研究硅酸钠、二丁基羟基甲苯、康壮素等诱抗剂处理后马铃薯采后病害减少情况；研究采用控制贮藏温湿度条件的方法，马铃薯恒温贮藏期间的采后寿命延长情况。

5.3　应用案例与前景

在甘肃陇兴农产品有限公司张掖冷库建立了种薯规范的采后商品化处理程序，经上述药物防腐措施和低温贮藏技术的结合，种薯 7 个月后的贮藏腐烂率低于 7.5%，发芽率低于 4%。该技术具有显著的社会经济价值，值得大面积推广应用。

主要完成人：李根新，毕阳，张永茂，王春玲，李永才
主要完成单位：甘肃陇兴农产品有限公司
技术成熟度：★★★☆☆

第三章　产后加工

第一节　水　　稻

1　大米主食制品生产关键技术创新与产业化

1.1　成果简介

所谓主食工业化是指通过采用现代科学营养原理以及先进技术装备，进行规模化的生产，并提供标准化、方便化、安全化及营养化的即食主食的过程。食品经简单处理后即可食用，对迎合现代人快节奏的生活十分有意义。当前，发达国家主食工业化程度高达 70％，我国与之相比差距较为明显，不过从发达国家的成功经验可知，主食工业化时代必将到来。项目围绕几大主食米制品如方便米饭、米线（粉）、发芽糙米等，一些在工业化生产过程中存在的安全隐患、工艺技术以及设备装备落后等关键问题进行研究，最后在 5 个方面有了创新突破：创新了大米主食加工用品种筛选技术、创新研发了突破大米主食生产中的共性瓶颈技术、创新发明了发芽糙米与糙米制品高效加工技术、创新了大米主食加工用高效装备以及创新了主食米制品生产质量保障体系。

1.2　技术关键点及难点

（1）考察半干法磨粉过程中润米时间对大米粉粉质特性及鲜米粉质量的影响，确定最佳润米时间，获得具有理想的蒸煮损失率和可接受的感官评分值的鲜湿米粉产品。（2）对稻米过度加工导致的严重浪费，结合稻米籽粒结构，分析稻米各部位的营养分布情况，提出稻米适度加工的标准，为稻米加工企业就如何掌握适度加工标准，把握适度加工工艺分别提出相应的意见和建议。（3）对糙米发芽后体外的抗氧化物质的活性变化规律进行研究，确定合适的发芽时间。（4）以我国广泛种植的 38 个稻米品种为原料制作脱水方便米饭，测定原料大米和脱水方便米饭的理化特性，分析产品的感官品质和原料的加工适应性，确定加工脱水方便米饭的适宜大米品种。

1.3 应用案例与前景

共研发 5 大系列 30 多种新产品，申报专利和软件著作登记权 73 项（其中授权 34 项），发表包括 SCI 和 EI 收录的论文 198 篇。技术成果先后在湖南、广东、四川、江苏等省份 30 多家企业推广应用，近三年累计新增产值 118.145 亿元。产生了较大的经济效益和社会效益，为我国大米主食安全工业化生产起到了强劲的推进作用。

主要完成人：林亲录，程云辉，赵思明，杨涛，梁盈，吴伟等

主要完成单位：中南林业科技大学，华中农业大学，长沙理工大学等

技术成熟度：★★★★★

2 稻米资源综合利用

2.1 成果简介

因品种以及加工程度不同，稻米各种营养成分的数值变化较大。一般情况下，越是精白的大米含淀粉比例增大，这是由于富含蛋白质、脂肪的糠层部分被除去的原因。从营养角度讲，精白米的蛋白质、脂肪以及其他微量成分较少。不过其副产物中的营

养成分却较为丰富。

本技术是针对稻米加工副产物的综合利用，如碎米及米糠进行深加工，提高其附加值。碎米的利用：（1）采用酶法生产大米淀粉糖浆的同时，再进行副产物米渣的纯化，可制备高纯度的食品级大米蛋白粉。（2）同样采用酶法技术，可制得符合美国 FDA 指标的高品质大米淀粉，同时，制取分子量介于 $100\sim1\,000Da$ 的大米蛋白多肽粉。米糠的利用：（1）米糠经稳定处理后，提取出米糠油及各种微量元素。同时可以制取食品级的脱脂米糠、高纯度米糠蛋白及米糠纤维等产品。（2）将全脂米糠进行处理，可以制备米糠植脂末及全脂米糠等产品。此成果有效解决了大米蛋白纯化问题，使蛋白含量超过 80%；解决了大米淀粉与蛋白不易分离的问题；解决了米糠微量元素的提取问题；解决了米糠食用的口感问题。最终，该成果在 2010 年获得食品科学技术协会科技创新进步二等奖。

2.2 技术关键点与难点

此项目主要是针对稻米加工副产物——碎米和米糠的一个综合利用，其中应用到了关键技术酶解法，通过此方法可以将米渣进行纯化，同时生产大米淀粉糖浆。

2.3 应用案例与前景

2005—2007 年，云南普洱永吉生物技术有限责任公司建成年处理 7 500t 碎米的中试型工厂，其产品为大米蛋白、大米淀粉，项目通过云南省科技厅验收，产品一直出口欧美；2009—2011 年，江西金农生物科技有限公司建成年处理 4 万 t 碎米深加工项目，工厂目前正常运行，淀粉糖浆当地销售，蛋白、淀粉产品出口欧美；2012 年 11 月，北大荒希杰食品科技有限责任公司建设米糠全利用项目，目前正在进行前期合作商讨中。该技术能够有效提高大米加工附加值，提高了资源利用率，经济效益显著，值得大面积推广应用。

主要完成单位：江南大学

技术成熟度：★★★★★

3 主食营养方便化及工业化生产中的关键技术开发与应用

3.1 成果简介

该项目针对中国主食营养方便化及规模化生产中存在的共性问题，如米饭工业化程度低、营养价值不高以及自加热方便米饭淀粉老化导致食用品质劣变等方面的问题进行了系统深入的研究。方便主食工业化生产中的关键技术瓶颈得到了新的突破，采用现代食品营养原理以及先进技术装备，在生产上得以规模化，最终提供了方便化、营养化的主食品。该项目的实施具有几方面的意义，如在社会、经济与军事上都有一定的用途。主要研究成果：（1）研制出一种自然通风串淋糙米快速发芽设备，该设备可同时完成浸泡与发芽工序，可以缩短糙米发芽时间，一定意义上简化了工艺流程；发芽后可有效改善发芽米的品质，该工艺流程为发芽米加工技术的产业化在某种程度上奠定了坚实的基础。（2）该研究采用特殊的机械装置，可使碎米与糙米（杂粮）质构进行重组，可重塑成与普通大米外观、口感、蒸煮性能以及食用品质同等的大米颗粒，加工成复合营养大米。一条新的中国主食营养化的途径被行之有效的开创了出来。（3）同时还研究了不同大米、紫薯以及燕麦等淀粉的老化特性、玻璃化温度以及流变学特性。（4）首次采用谷丙转氨酶 MTG 与 α -淀粉酶等酶制剂制备了新型米饭抗老化剂，该抗老化剂可使米饭蛋白质分子间形成 ϵ -（γ - Glu）Lys 架桥结合网络，这种结合网能有效阻挠淀粉分子重新聚合排列，并大幅降低淀粉回生，从而有效延长即食方便米饭的贮藏期。

3.2 技术关键点及难点

研发自然通风串淋糙米快速发芽设备、质构重组机械设备以及新型米饭抗老化剂，解决米饭工业化程度低、营养价值不高、自加热方便米饭淀粉老化导致食用品质劣变等瓶颈问题。

3.3 应用案例与前景

项目研究的关键技术已在湖北、陕西、安徽及江苏等多家食品加工龙头企业及军工企业推广应用并实施产业化，建成6条生产线，新增3 780.76万元，利税1 768.69万元。2008年至今，即食方便米饭生产技术创造总价值5 376万元。新型即食方便米饭没有生硬感，尤其是在环境温度低的野外作业时，与原有的自加热食品相比，该食品优势明显。

主要完成人：胡中泽，李德远，黄学林，刘英，李玮

主要完成单位：武汉工业学院，中国人民解放军军事经济学院，武汉市江声科技有限公司，湖北荆门北郊国家粮食储备库等

技术成熟度：★★★★☆

4 稻米淀粉糖深加工及副产物高效综合利用技术研究

4.1 成果简介

主要技术研究成果：（1）这是国内外首次以生物技术手段，对比分析了不同微生物来源的具有耐超高温液化酶、真菌糖化酶、葡萄糖糖化酶以及普鲁兰酶等酶结构活性位点的特征，筛选到具有高活力与超高耐温复合酶制剂，同时研究出了增强酶活性的稳定剂，激活并稳固了活性位点，使得酶活力功效最大化。（2）研究过程中以丰富的稻米为资源，系统地探索了稻米淀粉糖工艺参数，形成了独特生产工艺、产品质量得到有效调控，大大提高了提取率，减少了物耗，最终在形成产品系列化生产达到最

佳效益。(3)该项目还深入开展稻米副产物高效利用研究,如对制取淀粉糖后的米渣蛋白、稻壳、米糠油以及米胚等副产物进行了高效综合利用,实现了生产物料的闭路循环利用,这种循环模式达到"三废"零排放以及企业利益的最大化。

4.2 技术关键点及难点

采用生物信息技术手段,比较不同来源淀粉酶空间三维结构,定位系列淀粉酶活力位点,筛选高活力淀粉酶与酶助剂,显著提高酶活力和淀粉转化率。开发一机多用工艺,确保葡萄糖快速均匀结晶和葡萄糖的纯度达到99.5%以上。

4.3 应用案例与前景

2008年总产量3万t,生产总销售收入2.2亿元,利税3840万元,为农民增收502万元,投入产出比为1:5,经济效益显著。可以在国内外稻米加工企业或相关淀粉糖制造企业推广应用,市场前景广阔。

主要完成人:林亲录,龚永福,张行,肖明清,李忠海
主要完成单位:湖南湘鲁万福农业开发有限公司
技术成熟度:★★★★☆

5 热压凝胶营养米

5.1 成果简介

大米是我国主食之一,据现代营养学分析,大米含有多种营养物质,如蛋白质、脂肪以及维生素 B_1、维生素 A、维生素 E 等,另外还包含多种矿物质。通常情况下,大米中含碳水化合物在75%左右,蛋白质含量为7%~8%,脂肪含量为1.3%~1.8%,并含有丰富的B族维生素等。就品种而言,大米可分为粳米和籼米。粳米中的碳水化合物的主要成分是淀粉,该稻米所含的蛋白质主要是米谷蛋白,其次是米胶蛋白与球蛋白,其蛋白

质的生物价以及氨基酸的构成比例要比小麦、大麦、小米以及玉米等禾谷类作物高，且消化率在 66.8%～83.1%，这也是谷类蛋白质中较高的一种。因此，食用大米有较高的营养价值。但另一方面，大米中赖氨酸和苏氨酸的含量比较少，其营养价值比不上动物蛋白质。此外，稻谷在加工的时候，稻米会损失其中大部分营养物质，除糙米能保存较多的营养物质外，其他经过精深加工的大米，其营养成分损失都较为严重。

针对稻谷在加工过程中会损失大部分营养的现象。目前。通过人工对大米进行营养强化，也是改善居民营养素摄入状况的最有效途径之一。该项目主要以大米加工副产物碎米为原材料，技术上采用新型热压凝胶技术，分别对其 B 族维生素、矿物质盐以及膳食纤维等营养组分进行了强化，制备出了具有加工蒸煮性能好与营养均衡的营养强化大米。产品保存率高、质构性能、稳定性好，其性质与天然大米相似。

5.2　技术关键点与难点

此项目通过人工的方法对大米进行了营养强化，用到的关键技术为新型热压凝胶技术，在此技术下强化后的大米其营养水平可与糙米相当。

5.3　应用案例与前景

本产品强化大米仅需添加 5%～10% 即可达到糙米的营养水平，并不影响整体口感，因此更具开发前景，易被市民所接受。生产预算：建设一条 1 000t/年热压凝胶营养米生产线，售价按 20 元/kg 计算，可实现产值 20 000 万元，利税在 4 000 万元左右。

主要完成人：刘成梅

主要完成单位：南昌大学

技术成熟度：★★★★☆

6 大米品种和产地模式识别及其对黄酒品质的影响

6.1 成果简介

　　黄酒大多以大米、黍米以及粟为原料，酿造出来的黄酒一般酒精含量在 $14\% \sim 20\%$，属性为低度酿造酒。黄酒营养丰富，酒体中含有 21 种氨基酸，其中还包含有数种未知的氨基酸，并且也含有人体自身不能合成的 8 种必需氨基酸。

　　该项目主要调查和分析了绍兴市黄酒行业的大米原料以及产品品质分析鉴定滞后、工艺革新缓慢等制约黄酒发展的瓶颈，研究对象选取了浙江古越龙山绍兴酒股份有限公司提供的不同品种和产地的大米，利用光谱学以及化学计量学对所提供的大米进行了品种与产地的模式识别研究，进一步研究考察了以不同大米为原料的黄酒酿造工艺以及不同品质的大米对黄酒最终品质的影响。建立了一种全新的体系，该体系可以应用于从大米原料、工艺筛选到黄酒酿造及黄酒品质安全的追踪与溯源。创新要点：建立了以大米品种以及产地模式的识别系统；并且明确了浸米工艺的重要环节和指标；实现了黄酒模式识别，最终确定大米对黄酒品质的影响。该项目为绍兴市院校科技合作项目，获得了中国食品工业协会科学技术奖一等奖。

6.2 技术关键点与难点

　　大米品种的选择对于黄酒的最终品质十分重要，这里采用关键的光谱学和化学计量学对不同品种的大米品种进了研究，进一步考察了不同大米原料的黄酒酿造工艺，对后期研究黄酒品质提供了数据支持。

6.3 应用案例与前景

　　本项目自开展以来，通过对不同品种和产地大米的模式识别、不同品种和产地大米的浸米工艺以及酿造等方面的研究，确定了不同的最优浸米工艺和酿造黄酒的最佳工艺。研究成果已在浙江古越龙山绍兴酒股份有限公司投入使用，为公司收购大米提供准确的品种及产地识别，并为每批次大米提供最优的浸米工艺条件。通过本成果的应用，该公司生产的黄酒品质得到提升，产生了较好的经济效益。

主要完成单位：江南大学、汕头市天悦食品工业技术研究院

技术成熟度：★★★★☆

7 富含 γ-氨基丁酸的稻米健康食品产业化关键技术

7.1 成果简介

γ-氨基丁酸（GABA）是一种广泛分布于动植物体内的天然活性成分。该成分是中枢神经系统中一种很重要的抑制性神经递质，γ-氨基丁酸属于一种天然存在的非蛋白组成氨基酸，这种氨基酸具有极其重要的生理功能，它能有效促进脑的活化性，做到健脑益智、抗癫痫、促进睡眠、美容润肤、延缓脑衰老，能补充人体抑制性神经递质，并且还具有良好的降血压功效。若每日补充微量的 GABA，不仅有利于心脑血压的缓解，还能有效促进人体内氨基酸代谢的平衡，调节免疫功能。

该项目以米胚芽为原料，制备出了富含 GABA 的功能性配料（GABA 大于等于 20.6g/100g）；另外，以米糠作为原材料富集 GABA，产品中的 GABA 大于等于 10g/100g；项目还以高浓度 GABA 和碎米为原料制备了营养大米，其中的 GABA 大于等于 500mg/100g；另外还制备得到了 GABA 大于等于 100mg/100g 的发芽糙米，该发芽糙米是普通发芽糙米中 GABA 含量的 2～3 倍。

7.2 技术关键点与难点

在此项技术中，主要采用了米胚内源性 GAD 激活技术、酶反应定向调控技术、固定化酶技术、高效分离技术、活性保持技

术和低温挤压技术等重要技术。

7.3 应用案例与前景

以年加工 GABA 发芽糙米 3 000t 计，总设备投资 800 万元，消耗原材料糙米 3 000t，GABA 发芽糙米销售价 16 元/kg，糙米成本 6 元/kg，扣除加工成本（水、电、汽、人工、销售等）后利润在 4 元/kg，税前利润 1 200 万元，当年可回收投资。该技术已在辽宁沈阳立达、浙江江山益万、江苏徐州苏福等企业推广应用，具有显著的社会经济效益。

主要完成单位：江南大学

技术成熟度：★★★★☆

8 米糠营养素和米糠膳食纤维及米糠高效增值全利用技术

8.1 成果简介

据国内外研究证明，稻谷中大约 64% 的营养素集中在米糠中，所以世界上把米糠誉为"天赐营养源"，美国、日本这些发达国家研究证明，米糠可深加工转化成食品、保健品以及精细化工等高附加值的产品，附加值可提高 20 倍左右。目前，我国年产米糠 1 000 多万 t，其资源极为丰富，米糠营养素以及米糠营养纤维项目的研究成功，对提供食品营养基料来讲，相当于是开创了米糠转化健康食品的新时代。

米糠中蛋白质的平均含量为 15%，脂肪含量在 16%～22%，糖含量在 3%～8%，水分为 10%，热量约为 125.1kg/g。米糠脂肪中，油酸、亚油酸等不饱和脂肪酸占大多数，其中还含有高量膳食纤维、维生素、植物醇、氨基酸及矿物质等。因此，米糠中的有关营养成分可以经过进一步加工提取出来，例如与豆腐渣合用可以提取核黄素、植酸钙，米糠还可用于榨取米糠油。另外，脱脂米糠还可以用来制备植酸、肌醇以及磷酸氢钙等；细小颜色淡黄的米糠颗粒便于添加到烘培食品或其他米糠强化食品当中；同时因为可溶性纤维含量较低。米糠中的米蜡、米糠素以及 β-谷甾醇，这些物质都具有降低血液胆固醇的作用。米糠在动物畜禽饲料中可以代替玉米等原料的添加，降低饲料成本提高经济效益。

8.2 技术关键点与难点

本项目攻克了米糠挤压稳定保鲜技术，使米糠保质期达到一年，达到美国先进水平；攻克了米糠分离重组技术，应用酶技术制备了米糠营养素和营养纤维；攻克了清洁生产和米糠全利用技术。

8.3 应用案例与前景

在此成果基础上进而研究米糠高效联产新技术，利用生物技术，高效分离技术、节能干燥等现代新技术，使米糠可同时生产出米糠油、植酸钙或植酸、膳食纤维和高蛋白饲料粉 4 种产品，在国内处于领先水平。年处理 1 万 t 米糠，即日处理 30t 米糠深加工联产，可生产出 5t 米糠油、5t 左右米糠膳食纤维、5t 左右植酸钙或高纯度植酸及 15t 左右蛋白饲料 4 种产品，每天的销售额可达 13 万～19 万元左右。全年销售额可达 7 000 万元左右。全年利税为 1 800 万元左右。年处理 1 万 t 米糠项目总投资 1 000万元左右，同时需建 3 000m² 生产车间。米糠营养素和营养纤维已在上海莱仕公司产业化，米糠高效增值全利用联产技术正在四川广元市工贸集团和江苏丹绿集团实施产业化。

主要完成单位：江南大学

技术成熟度：★★★★☆

9 米乳与谷物饮料生产技术

9.1 成果简介

"米乳"是传承了我国悠久的稻米食文化的一种高科技产品。

在中国，几千年前就有"玄米胜人参"的美誉。古代所谓的"玄米"也就是我们现在所称的"糙米"，换个说法也就是稻米之颖果，糙米富含稻米70％的营养，但糙米有个缺点就是纤维含量高人们不能直接食用。不过"米乳"原料中有50％的糙米，该产品是稻米返璞归真，回归自然，让稻米营养得以被吸收的终端产品，现在美、日、韩、东南亚、澳大利亚这些国家已兴起"米乳热"。目前，江南大学所拥有完全知识产权的米乳饮料生产技术，属国内首创，在该米乳生产技术中，一些环节达国际领先，如在产品赋香技术、生物酶反应技术、米乳饮料稳定保鲜技术以及米乳饮料规模化生产技术方面有其独到之处，并且可形成高技术核心竞争力。江南大学正在积极将这一成果进行转化。米乳生产线建成后会成为一条多功能生产线，在该生产线上还可以生产五谷杂粮如燕麦、小米、绿头、赤头以及玉米等杂粮的饮料。

9.2 技术关键点与难点

米乳生产关键创新技术突破：天然赋香技术—焦糖化和美拉德反应；高效酶反应技术—淀粉水解度控制；稳定品质—高效分离，乳化稳定技术。

9.3 应用案例与前景

建年产1万t米乳生产线，需设备投资406万元，另需建2 500m² 厂房，1万t米乳年销售额可达1亿元，获利税3 000万元左右。该技术成果已在江苏双兔米业、湖北京山国宝桥米公司、江西新余金土地公司、齐齐哈尔金禾食品公司等企业推广应用，具有显著的社会经济效益。

主要完成单位：江南大学
技术成熟度：★★★★☆

10 高酸值米糠油酯化脱酸新技术研究与应用

10.1 成果简介

米糠油是一种营养丰富的天然植物油。据相关数据统计，在2010年，我国的稻谷产量约为1.95亿t，占世界总产量的1/3。米糠的含油率在18%～22%，含油量和大豆相当，是最为宝贵的副产品，2010年的统计数据显示全国约产米糠1 300万t，这相当于1 300万t大豆的油产量，也相当于我国第二大油料作物花生的全部产油量，如果加以利用，可以提高我国6%的食用植物油自给率。目前普遍采用化学精炼和物理精炼的脱酸方法来精炼米糠油。化学精炼是指碱炼皂化方法，其消耗太大。酸值为20mgKOH/g的毛油，碱炼后油脂损耗高达55%，不仅如此，另外还会造成油脂中90%以上的谷维素等营养成分的损失，产生大量的有机废水。物理精炼法精炼得率也不高，只能达到65%左右，而且同样会造成环境污染。对于高酸值米糠油脱酸精炼的问题，该技术是根据米糠油中的游离脂肪酸在高温、真空与催化剂存在的条件下，可以和甘油反应生成甘三酯、甘二酯以及甘一酯，发生再酯化，通过酯化脱酸精炼，以降低米糠油的酸价，这样可以增加中性油的含量原理而设计的一种脱酸精炼方法。它将上述游离脂肪酸变成中性油脂，使损耗降至最低，大大减少了附加损耗。"酯化脱酸精炼技术"可最低限度地减少米糠油脱酸精炼过程中的损耗，提高米糠油的精炼程度后得率可高达85%。除此之外，在成品油中可保留更多的营养物质，消除环境污染。该技术精炼的米糠油各项指标已达到国家对米糠油标准。精炼过程中谷维素含量损失小，该技术精炼米糠油谷维素含量可比化学碱炼提高3倍。

10.2 技术关键点及难点

研究酯化脱酸精炼工艺，将化学及物理脱酸精炼必须除去并造成必然损耗的游离脂肪酸变成中性油脂，使必然损耗变为零损耗，并且大大减少了附加损耗。

10.3 应用案例与前景

该项目技术已在合肥市大海油脂有限公司规模化生产，产品在合肥迪香粮油贸易有限责任公司、合肥华顺粮油经营部、合肥大地食用油批发部等企业得到应用，产生良好经济和社会效益。自 2007 年 7 月米糠油酯化脱酸生产线投入生产以来，酯化脱酸精炼合计生产米糠油 22 460t；新增产值 19 049.1 万元；新增利润 2 395.3 万元；新增税收 952.5 万元；节约开支总额 1 524.8 万元。与原有化学碱炼相比，酯化脱酸工艺生产不产生皂脚，几乎没有废渣排放，废水排放量减少 1 万余 t，产生了良好的环境效益。

主要完成人：曾庆梅，姚先明，周先汉，郭军，甘昌胜，惠爱玲，王永恕

主要完成单位：合肥工业大学，合肥市大海油脂有限公司

技术成熟度：★★★★☆

11 富硒红米杂交稻的选育及深加工技术集成与示范

11.1 成果简介

该成果在国家科技支撑计划项目"富含有益微量元素的高产功能性杂交稻米研发与产业化"（项目编号：2007bad81b00）支持下，取得了如下研究成果：（1）该项目通过利用红米种质资源，该资源是从俄罗斯全俄水稻研究所引进，首次选育出富硒红米杂交三系保持系 Z2057a、Z3055a、Z3057a 和富硒红糯米杂交稻不育系 Z5097a，这些水稻保持系都达到了国家富硒标准，实现富硒杂交稻三系配套，其中 Z2057a 已通过我国专家鉴定。（2）采用与本地高产、抗病恢复系蜀恢 881、自主选育的 R801、

R675 及常规糯稻等杂交的方式，首次选配出优质高产的富硒红米杂交稻新组合 Z-4，Z-5，Z-6 以及富硒红糯米杂交稻组合 Z-10。尤其是 Z-10 经多年多点试种示范，表现优质，产量稳定，且适应性强。富硒红糯米平均亩产 450～500kg，相比本地白糯米对照组增产 0.03％。经国家农业部稻米及制品质量监督检验测试中心检测，硒含量在 0.069～0.14 mg/kg，达到了国家富硒米标准（GB/T5009.93—2003）；富硒红糯米品质达到农业部标准 NY/T593—2002《食用稻品种品质》四等食用籼糯稻品种品质规定要求。（3）此外，还研究建立了功能性杂交稻红米色素的提取工艺、生物发酵工艺、米糠油提取工艺、红米发酵废糟生产食用与药用大型真菌工艺等 4 套富硒稻米的深加工工艺。

11.2 技术关键点及难点

将选育的达到国家富硒标准的富硒红米杂交稻三系保持系 Z2057a、Z3055a、Z3057a 和富硒红糯米杂交稻不育系 Z5097a，与本地高产、抗病恢复系蜀恢 881、自主选育的 R801、R675 及常规糯稻等杂交，选配出优质高产的富硒红米杂交稻新组合 Z-4，Z-5，Z-6 及富硒红糯米杂交稻组合 Z-10。研究建立了功能性杂交稻红米色素、糠油提取工艺，以及功能杂交稻米微生物发酵工艺。

11.3 应用案例与前景

利用富硒稻米深加工工艺成功试制出有机硒红米酿、有机硒米糠灵芝胶囊、富硒松茸胶囊、富硒益生菌剂、红米糠油、红米糠大蒜素精油软胶囊等 6 种功能杂交稻米新产品，发表相关文章 12 篇。制定并备案《富硒红米酒酿》企业技术标准，该系列工艺技术不仅使试制产品附加值较功能杂交稻米提高了 1 倍以上，而且通过促进药食真菌发酵，既减少副产品对环境的压力，又提高了发酵效率。2009—2013 年度在资中县等多地试验示范种植与订单种植富硒红米杂交稻达 25 万多亩，专家验收亩产达到 529～541kg，产生了明显的社会经济效益。

主要完成人：朱建清，赵健，邓晓建，徐正君，向文良

主要完成单位：四川农业大学

技术成熟度：★★★★☆

12 米乳新工艺中试研究

12.1 成果简介

随着社会经济的不断发展以及人民生活水平的逐渐提高，社会目前要求科技工作者不断地研究与创新，开发出满足现代人们生活的保健饮品。目前，米乳系列产品是以优质的有机稻米、糙米以及米胚芽为主要原材料加工而成的纯天然无污染的生态活性绿色乳制品。米乳中含有如大米蛋白、膳食纤维、不饱和脂肪酸、B族维生素、生育酚、可溶性多糖等丰富的、高质量的营养物质。米乳制作技术原理：这里主要以稻米加工副产物碎米以及糙米为主要原料，以高品质全脂乳粉为辅料，经焙炒、粉碎、糊化、混匀、调配、均质、高压乳化、UHT 杀菌以及无菌灌装制备而成的一种集动植物营养于一体的营养性饮料。此技术工艺简单，经济实惠，不经过酶解与糖化反应，最终保留了大米原始的营养结构。该米乳产品富含人体所需的多种营养成分，可以补充热量，米香浓郁，口感鲜美且原汁原味。能及时为人体补充膳食中的精微营养。

12.2 技术关键点与难点

在整个米乳的加工过程中，较为重要的步骤有调配、均值、高压乳化三个步骤，此三个步骤可直接影响米乳的最终口感，另外在此工艺过程中，没有经过酶解和糖化反应，保留了大米原始的营养结构。

12.3 应用案例与前景

拉动农副产品加工产业链，使其产业实现更大的集约化发展，为实现农产品加工业的低耗费、低污染提供下游产业的保

障。以谷物为原料制备饮料，符合"卫生、安全、回归自然"的发展方向，可以促进稻谷消费更好的融入营养、安全、绿色、休闲化的国际发展潮流。

主要完成人：蓝海军
主要完成单位：南昌大学
技术成熟度：★★★★☆

13 全谷物杂粮方便食品加工关键技术中试与示范

13.1 成果简介

过去，因人们过多的追求谷物制品的优质口感，以至于谷物的过度加工，如稻谷加工成精白米，不过在稻谷过度加工的同时，其自身也丢掉了过多的营养成分，使得现代人出现了诸如高血压、高血脂以及肥胖症等症状。不过现在随着人们生活水平的提高，全谷物食品因最大程度保留了谷物自身大部分的营养，而成为现代人追求的方向。由于糙米等全谷物杂粮之中含有较多的粗纤维，导致吸水膨胀性及蒸煮性差，且内含的植酸与盐分可影响矿物质的吸收与利用，因此，全谷物杂粮方便食品的加工技术具有十分重要的意义。主要技术包括：（1）糙米复合杂粮挤压膨化技术，通过该技术可改善全谷物食用品质以及营养价值。（2）糙米品质改进：发芽糙米相比于糙米，其生理活性成分更多且含量更为丰富，尤其 γ-氨基丁酸（GABA）是糙米中的 2～4倍。以发芽糙米为原料的产品，其食用品质以及营养价值可以得到进一步提升。（3）糙米复合杂粮煎饼的生产：采用湿法超微粉碎技术，使糙米颗粒微细化，极大地缩短了熟制时间，改善了产品品质。适宜的料水比，湿法超微粉碎技术混合物料颗粒大小、均匀度以及料水比等对煎饼品质的影响，煎饼以产品水分为指标，并以质构仪（软硬度、弹性及韧性等物性指标）确定了较为理想的湿法超微粉碎生产的工艺参数。该项目建设完成生产1 000t的全谷物食品生产线 1 条；复合发酵剂菌种筛选、复壮、扩培系统以及微生物检测系统 1 套；1 000t 的发芽糙米生产线 1 条；最后还建成年产 500t 糙米杂粮煎饼生产线 1 条。

13.2　技术关键点及难点

控制物料水分和挤压温度是影响糙米复合杂粮挤压膨化产品质量的技术关键。控制面糊发酵是制作糙米复合杂粮煎饼的技术关键。

13.3　应用案例与前景

全谷物食品在满足国民营养需求和身体健康以及实现粮食资源高效利用的同时，能够有效平衡膳食，增强抵御疾病的能力，减少患病风险，起到降低卫生费用、提高健康水平的双重作用。产品原料涉及粮谷类及坚果、蔬果等多种农产品，生产建设和原料基地建设能够促进当地农业和农村经济结构战略性调整，充分合理利用自然资源，改善农业生态环境和生态效益，提高农业产业化水平，增加就业和农民收入。新增就业 62 人，带动农民增收 822.00 万元，培训人数 112 人次，培养硕士研究生 7 人，博士研究生 1 人。

主要完成人：马涛
主要完成单位：本溪寨香生态农业有限公司
技术成熟度：★★★★☆

14　发芽糙米主食化加工技术研发及产业化

14.1　成果简介

长期以来，人们在主食选择上多以食用精米为主。不过精米作为主食却具有诸多缺点，如所含淀粉含量较高，缺乏维生素、膳食纤维、蛋白质等物质。因此，为了改善人们生活品质，那么改善人们的主食食用品质可以成为有效途径。精白米未进行碾磨和抛光的原料成分可称为糙米。糙米成分保留了白米的米糠层，故保留了米糠层中富含的诸多成分如纤维、维生素、矿物质以及微量元素等人体所需的营养成分。但是从另一方面来讲，糙米在食用品质上存在口感粗糙以及蒸煮特性比精白米差很多等缺点。发芽糙米是通过对糙米的萌芽处理，在改善糙米的食用品质和蒸煮特性的基础上最大限度地保留糙米的营养价值，同时活化了糙米的有效营养成分。发芽糙米的品质受发芽过程中浸泡条件、发芽条件、干燥条件等相关工艺参数的影响。通过研究最优发芽糙米的相关工艺参数条件，实现发芽糙米产品的产业化生产。

14.2 技术关键点及难点

本项目首先是对糙米进行萌芽处理，通过以糙米发芽率、发芽糙米品质为指标，对发芽糙米在发芽过程中浸泡温度、浸泡时间、发芽温度、发芽时间等相关工艺参数的考察，确定不同条件下的最优工艺参数。其次是通过预糊化来改善萌芽糙米蒸煮特性及食用品质。另外，通过隔氧包装，在萌芽糙米预糊化过程中一定的杀菌灭酶基础上，进一步抑制残余微生物的生长，并防止萌芽糙米糠层和胚芽中脂肪水解和脂肪氧化产生的酸败。最大程度地提高产品的贮藏稳定性，延长产品货架期。在此基础上，实现发芽糙米生产商品化和产业化。

14.3 应用案例与前景

萌芽糙米主食化加工技术为粮食减损加工，同时，因萌芽糙米具有较高的营养价值及较好的保健功能，从而提高产品附加值，提升经济效益；有利于解决我国城乡居民主食单一的问题，解决我国城乡居民通过主食摄入均衡营养的问题，为我国城乡居民树立合理的、适合我国现阶段发展的现代主食消费理念，提高国民身体素质、减轻国家和个人的医疗负担，具有重要的社会效益和经济效益。

主要完成人：朱松明，于勇，刘庆庆等
主要完成单位：浙江大学自贡创新中心
技术成熟度：★★★☆☆

15　米糠油生物精炼技术

15.1　成果简介

米糠油营养价值较高，且在欧、美、韩、日等诸多发达国家，这种健康营养油可与橄榄油齐名，深受高血脂以及心脑血管疾患人群喜爱，米糠油早已成为西方家庭中日常健康食用油。我国米糠油原料资源丰富，不过米糠油的生产加工与消费还处在起步阶段，米糠油的年产量还不足 12 万 t。为让这一健康营养油早日走进百姓日常生活，我国专家建议加速米糠油发展。

该项目所研究的生物精炼技术采用方法如下：（1）酶法脱酸。（2）微生物脱酸。（3）酶促酯化脱酸。该方法的主要原理是将游离脂肪酸在特定酶的催化作用下生成相应的酯类，而这些酯类又可在真空条件下蒸馏除去。该方法的特点是：精炼条件较温和，米糠内生理活性组分损失少；脱酸效率高，尤其适用于高酸价的毛糠油；精炼回收率也高；设备一次性投入小，不涉及高温高压设备。不过唯一的缺点就是脂肪酶制剂成本较高，不能反复使用。

15.2　技术关键点与难点

此技术采用了生物酶脱酸法，而非物理或化学的方法，此种方法反应条件较为温和，最终米糠油的回收率较高。

15.3　应用案例与前景

米糠油具有较高的营养价值，可以和橄榄油齐名，在欧、美等发达国家早已得到有效利用，但在中国米糠油原料虽然丰富，但其利用率并不是很高。不过随着科学技术的发展，米糠油得到有效的利用是指日可待的，市场前景也是相当可观的。

主要完成人：曹树稳

主要完成单位：南昌大学

技术成熟度：★★★☆☆

16 黄化陈米转化无甲醛木材胶粘剂加工工艺

16.1 成果简介

陈米又称为老米，在一定程度上是可以食用的，不过其食用价值并不高，南昌大学以江西省本土丰富的生物资源，如劣质早米，特别采用那些失去食（饲）用价值的黄化陈米、稻秆等富含淀粉以及纤维素的生物质废弃物为主要原料，并加之以独特的、具有国际领先水平的液化技术，将黄化变质早米在常压以及液化剂水冷回流温度下液化成为高活性的生物多元醇，且这期间的转化率接近100%。该技术再以生物多元醇为基本原料，以多元有机酸为交联剂，成功研制出了新型无甲醛木材胶黏剂。

技术性能指标：通过检测，该新型胶黏剂中未检出甲醛以及游离苯酚物质，属环保型胶合板，其胶合强度达到Ⅱ类胶合板的强度要求，性能与酚醛树脂相同，主要性能指标如下：

外观	棕黑色黏稠液体	固含量	71%
游离甲醛	未检出	游离酚	未检出
pH	3.8	黏度	2 000MPa

抗剪切力：常态下2.2MPa；在63℃水煮3h的条件下，剪切力为1.1MPa，胶合强度达到酚醛胶生产的耐水胶合板强度要求。

16.2 技术关键点与难点

采用先进的液化技术，可将黄化陈米在常压和液化剂水冷回流温度下 100％的转化为高活性的生物多元醇，以这样的生物多元醇为原料，可研制出无甲醛的木材胶黏剂。

16.3　应用案例与前景

经过有关木材加工企业试用，该木材胶黏剂的各项技术指标符合人造板材的工业化要求，用于环保型颗粒板的生产具有很好的市场前景。市场预算，以年生产规模 5 000t 估算，总成本 2 770万元，年利润可达 400 多万。

主要完成人：林向阳
主要完成单位：南昌大学
技术成熟度：★★★☆☆

17　婴儿配方奶粉专用粉末油脂

17.1　成果简介

本研究中多酶催化生物技术得到应用，该技术以大米为原料制备淀粉糖浆以及低聚糖，作为生产婴儿配方奶粉的专用粉末油脂壁材，淀粉糖浆为一种黏稠液体，是淀粉水解脱色后加工而成，甜味柔和，容易被人体直接吸收。低聚糖又称为寡糖，低聚糖的获得大体上可通过以下 4 种方法：从天然原料中提取、微波固相合成方法、酸碱转化法以及酶水解法等。低聚糖集营养、保健、食疗于一体，可广泛应用于食品、保健品、饮料、医药及饲料添加剂等领域。它是一种新型功能性糖源，可替代蔗糖，是面向 21 世纪"未来型"新一代的功效食品。是一种具有广泛适用范围以及应用前景的新产品，国际上该产品在近年来颇为流行。美国、日本以及欧洲等地均有规模化生产，我国低聚糖的开发和应用起于 20 世纪 90 年代中期，近几年发展迅猛。低聚糖可改善人体内微生态环境，且有利于双歧杆菌以及其他有益菌的增殖，经过代谢可产生有机酸使肠道内 pH 降低，进一步抑制肠内沙门氏菌与腐败菌的生长，起到调节胃肠的作用，并抑制肠道内腐败物质，防治便秘，增加维生素合成，提高人体免疫功能。除此之外，低聚糖还可改善血脂代谢，降低血液中胆固醇以及甘油三酯的含量，适合高血糖人群和糖尿病人食用。

17.2 技术关键点与难点

该产品采用淀粉糖浆和低聚糖为婴儿配方奶粉专用粉末油脂壁材，这样的壁材不易破裂，且成膜性好。保证了该产品脂肪酸配比合理，并提高了包埋率。

17.3 应用案例与前景

该产品经用户试用，反映良好，具有广阔的市场前景和良好的经济社会效益。

主要完成人：熊华
主要完成单位：南昌大学
技术成熟度：★★★☆☆

18 稻米营养方便食品及其加工关键技术

18.1 成果简介

稻谷的品种会影响稻米的品质，加工后的稻米种类可分为糙米、有机米、白米、预熟米（改造米）、胚芽米、发芽米、营养强化米、速食米以及免淘洗米等。本项目以早籼稻为原材料，系统研究了蒸谷米加工新工艺以及新产品开发，以碎米这样的副产品或糙米这样的半成品为原料，研究了方便食品的生产技术与装备，以及其他副产品如稻壳、米糠等的高附加值利用技术，组合分离技术与功能性生物修饰技术，在国内首次构建早籼稻米资源综合开发以及高效利用技术集成创新体系。

18.2　技术关键点与难点

　　本项目发挥稻米资源营养功能的营养成分迁移控制技术、产品营养重组技术和品质提高保持技术，利用稻米组织结构和组织成分特点的资源差别化利用和综合利用技术，开拓了稻米资源利用新途径的组合分离、改性及其制品应用技术，已实现产业化，获得了深加工关键技术集成和系列产品，效益显著。

18.3　应用案例与前景

　　稻米的营养价值高，其主要营养成分是蛋白质、糖类、钙、磷、铁、葡萄糖、果糖、麦芽糖、维生素 B_1、维生素 B_2 等，是我国南方地区主要的粮食作物，将稻米加工成营养方便食品，其市场前景广阔。

　　主要完成人：刘成梅
　　主要完成单位：南昌大学
　　技术成熟度：★★★☆☆

19　米糠保健食品研制

19.1　成果简介

　　该项目利用以大米加工过程中的副产品米糠为原料，此原料不仅资源丰富、廉价，而且还具有很高的营养价值以及保健功能，其附加值及开发前景都很高。主要技术要点如下：（1）该项目对米糠的改性利用了挤压加工技术，该技术可以提高米糠的稳定性，并进一步改善米糠的食用价值与营养价值，挤压机的加工特点为瞬时、高温、高压以及高剪切等，且具有生化反应器的功能。以米糠计，改性后米糠的可溶性膳食纤维的增加量为 7.26%。（2）米糠保健食品的研制。通过对米糠面团的流变学特性方面的研究，以及米糠食品的质构测试与感官评价，获知米糠保健食品中米糠的适宜添加量为：米糠面包、蛋糕以及饼干的最佳添加量分别为 20％、9％、5％。（3）米糠保健功能的大鼠试验研究。从试验研究可知成人日食 30g 改性米糠（相当于食用 150g 米糠含量 20％的米糠面包），这个量具有明显地降低人体血清总胆固醇以及辅助降血脂的效果，从而证明米糠食品对人体具有一定的保健功能。

19.2　技术关键点及难点

研究挤压加工处理对改性后米糠品质的影响，主要包括对主要营养成分、IDF 持水性、膳食纤维等，以及米糠保健食品开发。

19.3　应用案例与前景

利用现代先进的食品加工技术将米糠进行改性加工，不仅提高了米糠的食用和营养价值，而且，很好地解决了米糠易酸败变质难以长期贮存的关键技术问题。进一步完成了米糠保健食品的开发，并对其保健功能进行了大鼠试验，结果证明该食品对人体具显著的保健功能。该项目技术成熟，原料丰富廉价，产品营养丰富，并具有保健功能，受众面广，成本低，投资少，具有很好的市场前景。

主要完成人：徐树来，张娜，陈凤莲，李伟，伟宁，张根生，刘伟，叶暾浩

主要完成单位：哈尔滨商业大学

技术成熟度：★★★☆☆

20　发芽糙米生产优化工艺与装备

20.1　成果简介

稻谷产业算得上是我国的支柱产业，稻谷脱壳后避免米糠及胚芽的损失，在一定条件下即可发芽，从某种意义上来说也相当

于提高了粮食产量。发芽糙米是糙米发芽到一定程度后的籽粒及芽体，发芽糙米营养价值和食用品质都比糙米要好。糙米发芽时其米粒内部的淀粉酶、蛋白酶以及植酸酶等被激活和释放，大分子物质也被降解，且具有多种生理活性功能的 γ -氨基丁酸含量显著增加，糙米质地得以有效软化，并最终使得发芽糙米的营养价值以及食用品质相比于糙米得到极大提高与改善，所以发芽糙米是 21 世纪人类理想的主食。就目前而言，发芽糙米工艺在糙米发芽之前需要在水中浸泡，糙米在浸泡过程中急剧吸水会导致爆腰率的增加，而爆腰裂纹又会影响到发芽糙米的食用品质，还有就是糙米在浸泡过程中会有一定的营养物质遭到溶出损失，且浸泡过程中会排放大量污水。糙米吸水过多增加了后期干燥时的能耗，而干燥过程又会对发芽糙米的品质产生一定的影响。所以该项目主要是循环给糙米加湿到适合萌发的含水率，再通过模仿稻谷在土壤中发芽的环境条件使其萌发制得发芽糙米。该新工艺被称为仿生发芽糙米生产工艺，采用这种工艺可提高发芽糙米中 γ -氨基丁酸含量 1 倍，且可有效抑制水溶性物质的流失与裂纹的产生；生产过程中水的使用量得到有效减少，同时也减少了污水的排放量；减少发芽糙米的含水量，也可降低后期的干燥能耗，有效避免了干燥过程中发芽糙米自身剥离现象。由此可见，该法发芽糙米生产工艺具有十分重要的价值。

20.2　技术关键点及难点

研究创新糙米发芽条件，采用循环加湿到适宜萌发的含水率，采取模仿稻谷在土壤中发芽环境使其萌发制得发芽糙米，获得优质发芽糙米的同时，降低了能耗及污水排放量。

20.3　应用案例与前景

东北农业大学已经开发出基于糙米生理特性的发芽糙米生产工艺。技术水平居国际领先地位，其最主要营养物质 γ -氨基丁酸（GABA）显著提高，可有效促进中国发芽糙米产业的发展。对于大米来讲，糙米发芽获得了比糙米更多的营养成分，更是精白米所无法比拟。所以，发芽糙米及其深度开发制品在未来主食和保健食品领域内将具有一定的地位，它不仅可以作为人们的主食，而且还可以作为营养补充剂或功能性食品的原料和配料使用，如提取 GABA 制成胶囊，通过发酵制成酱、醋，或粉碎后制成各种面包、点心类加工食品等，广泛用于米制品、乳制品、冷冻食品、酿酒、饮料、医疗等行业。所以发芽糙米的市场潜力广阔。

主要完成人：贾富国
主要完成单位：东北农业大学
技术成熟度：★★★☆☆

第二节　玉　　米

1　玉米蛋白粉深加工研究及应用

1.1　成果简介

本项目采用全新的酶法工艺制取玉米蛋白发泡粉，解决了水解时间长、效率低、水解程度难以控制以及收率低等问题，同时产品灰分含量和色泽又能得到大幅度降低，最终提高产品质量。玉米浓缩蛋白粉是玉米蛋白深加工的主要原料，以此为原料可以制备玉米蛋白发泡粉以及玉米活性肽等。该项目研究成果如下：（1）采用酶工程技术，为去除玉米中的纤维素类物质，通过纤维素酶对玉米蛋白粉进行了处理，然后采用 α-淀粉酶水解原料中残留的淀粉以及糊精等多糖，最终达到浓缩原料中蛋白质的目的。（2）玉米浓缩蛋白通过蛋白变性剂处理，使得玉米蛋白中二硫键打开，实现了蛋白的变性，达到提高后续蛋白水解收率的目的。（3）然后采用木瓜蛋白酶以及碱性蛋白酶协同水解玉米浓缩蛋白制备玉米蛋白发泡粉，通过控制水解过程中酶的用量、酶组成比例、水解温度及水解时间等条件，达到玉米蛋白发泡粉制备的收率高、水解液中高、中、低蛋白质分子组成成分协调的目的，使得玉米蛋白发泡粉的起泡性能好（起泡高度高）并且泡持性能好（泡沫失水率低），能大大满足发泡粉产品的要求。玉米浓缩蛋白的蛋白质含量大于 85％（W/W），蛋白收率大于 95％，产品收率大于 65％；玉米蛋白发泡粉的产品收率大于 60％，起泡高度大于 600％，泡沫失水率小于 28％，蛋白质含量大于 60％（W/W）；颜色：白色。

1.2 技术关键点及难点

通过玉米蛋白粉酶法制备玉米浓缩蛋白，优化玉米蛋白预变性的方法和条件，酶法制备玉米蛋白发泡粉。

1.3 应用案例与前景

该项目产品不仅可替代现有的植物蛋白和发泡粉产品，而且品质优良、价格低，加工方法温和环保，具有显著经济生态效益。现已应用于潍坊森瑞特生物科技有限公司、青岛市晨昱生化科技有限公司等企业，应用效果良好，为公司创造了较大的经济效益，据统计，2011 年和 2012 年两年该项目的两种产品累积销售 6.23 万 t，销售额达 98 371 万元，实现利税 7 413 万元，出口 1.2 万 t，创汇 2 149 万美元。

主要完成人：付刚，蔡俊，李春阳，王常高
主要完成单位：山东盛泰生物科技有限公司，湖北工业大学
技术成熟度：★★★★★

2 玉米浸泡废液资源化利用技术及产品研发

2.1 成果简介

我国是玉米种植大国，也是加工产业大国，但在玉米加工过程中会产生大量玉米浸泡废液，这些废液营养丰富，COD 含量高达 10 万左右，且数量大、易变质，直接排放会给环境带来污

染，浓缩处理又会消耗大量能源。针对这样的现状，开发一种利用玉米浸泡废液技术并进行推广势在必行。该项目实施过程中形成的关键技术包括：（1）利用多靶标综合指标评价体系，一株能高效利用玉米浸泡废液且高生物量及高海藻糖含量的抗逆菌株被筛选了出来，该菌株为浸泡废液的资源化利用提供了技术支持。（2）建立并优化了布拉酵母菌规模化生产发酵工艺以及后处理工艺，高密度发酵关键技术难题得以解决，规模化生产后发酵水平高达 50 多亿/mL，细胞干重也达 56.6g/L，并采用硫化床低温二次烘干技术，得到水分小于等于 6%、活菌数大于等于 400 亿/g 的活性干布拉酵母菌剂，提高了贮藏的稳定性。（3）采用新型玉米浆加热装置，布拉酵母菌制剂可用浸泡废液来生产，经过一段时间发酵，COD 含量可降低 90% 左右，浸泡废液的 70% 可用于生产该菌剂，减少了废水处理费用，之后的工艺水净化处理，全部回用到玉米浸泡，达到清洁生产及节能减排的目的。通过以玉米浸泡废液作为主原料，可做到日均减少浓缩排水 267.97t，增加生产循环用水 600t 左右，节约能耗 11 758.5 元，三年可为企业节水节能 1 239.058 万元。

2.2　技术关键点及难点

通过纯化筛选到高效利用玉米浸泡废液的布拉酵母菌，为浸泡废液的资源化利用提供了技术支持；通过高密度发酵及二次低温烘干等技术，开发出布拉酵母菌高活性菌剂制备技术，实现浸泡废液的高值化利用。

2.3　应用案例与前景

该技术成果先后在饲料及养殖业进行推广应用，2012 年以来累计使用废液 1.83 万 t，生产布拉酵母菌剂 1 800t，为企业实现产值 4.715 亿元，利税合计 3 790.31 万元。研发的系列饲料添加剂产品经养殖业使用，减少抗生素使用费 1 081.05 万元，降低了料肉比 0.15～0.3，累计为养殖户增收节支 7 145.2 万元。该成果形成的利用玉米浸泡废液生产布拉酵母菌制剂及其应用技术，提高了玉米浸泡废液的综合利用率，引领了玉米深加工企业废液资源化、高值化利用方向，起到节能、减排、增效作用，为行业的可持续发展提供技术保障，具有显著的经济效益、环境效益和社会效益。

主要完成人：楚杰，刘伟杰，毕春元，刘德林，袁延强

主要完成单位：山东省科学院生物研究所，青岛根源生物技术集团有限公司，潍坊盛泰药业有限公司，中慧农牧股份有限公司，山东益生源微生物技术有限公司

技术成熟度：★★★★★

3 规模化玉米种子加工技术集成与示范

3.1 成果简介

针对我国目前缺乏玉米种子规模化加工关键技术与装备、技术装备系统集成不足以及工程建设模式研究薄弱等问题，该项目主要取得了如下研究成果：（1）规模化玉米种子加工技术集成理论研究：研究了其加工工艺流程、设备配置、总体工艺布置方案及项目建设投资规模等，构建了年加工分别为 6 000t、12 000t 和 24 000t 三种成品种子规模加工厂建设模式。（2）玉米果穗烘干技术创新与装备研制：研制烘干能力分别在 700t/批、1 000t/批、1 200t/批以及 1 500t/批等 4 个系列的烘干装备；其次，还研制了玉米果穗干燥自动控制与信息管理系统，实现了果穗烘干室设备运行及参数远程监控与控制。（3）玉米果穗低损脱粒技术创新与装备研制：研制了具有果穗脱粒功能设备，该设备属于籽粒预清功能的揉搓式低损玉米脱粒机，极大地解决了玉米种子脱粒破碎率高的难题，提高了果穗脱净率，降低了籽粒破损率，形成了 10t/h、12t/h、20t/h 及 50t/h 的 4 种规格的揉搓式玉米脱粒机，满足了规模化玉米种子加工要求。（4）玉米种子精选加工

技术创新与装备研制：通过对大型风筛清选机、重力式分选机、圆筒分级机、种子包衣成膜装备、计量包装和电气控制系统的集成研究，处理能力为10t/h的种子精选加工成套设备得以研制出来。（5）玉米种子质量管理技术创新与装备研制：研制了种子钢板仓、仓群计算机管理系统以及种子防伪防窜货管理系统，可以有效地监督与管理玉米种子质量，实现防伪与防窜货。

3.2 技术关键点及难点

研制具有果穗脱粒、籽粒预清功能的揉搓式低损玉米脱粒机，解决玉米种子脱粒破碎率高的难题。对大型风筛清选机、重力式分选机、圆筒分级机、种子包衣成膜装备、计量包装和电气控制系统进行集成研究。

3.3 应用案例与前景

先后推广玉米果穗干燥生产线128条，揉搓式玉米种子脱粒机及生产线186套，精选加工成套设备562套，市场占有率达85%以上。显著提升了我国种业装备整体技术水平，取得了显著经济和社会效益。

主要完成人： 朱明，贾生活，贾峻，陈海军，刘文利，刘国春，冯志琴，吴涛，孙文浩，张晓传

主要完成单位： 酒泉奥凯种子机械股份有限公司，农业部规划设计研究院，无锡耐特机电技术有限公司

技术成熟度：★★★★☆

4 一种功能性紫玉米复合饮料及其生产方法

4.1 成果简介

紫玉米是一种具有极高营养价值的特殊作物，该玉米是安第斯山人日常食物的一部分。紫玉米中含有大量的酚类化合物，且这些化合物包含在植物化学素当中，另外，还含有大量的花青

素。酚类化合物和花青素这两种营养成分都有助于人类的健康，并使人延年益寿。正是这样的原因，紫玉米越来越受到广泛的关注。目前，越来越多的地区开始培育和种植这种作物。

由于紫玉米的利用价值高，南京农业大学顾振新等人将紫玉米进行了深加工，从而制成了一种复合饮料，该发明涉及一种功能性紫玉米复合饮料及其相关的生产方法，属于饮料加工技术领域。其主要特征是以低氧胁迫发芽及低温胁迫处理的紫玉米为主要的原材料，再辅以黑大豆、桑葚、黑莓以及苹果制汁后，经复配、添加糖、酸、稳定剂及乳化剂后，在进行均质、脱气、灭菌、冷却与无菌灌装，最后成功制得功能性紫玉米复合饮料。本发明生产工艺中的玉米和黑大豆籽粒可得到全部利用，另一方面还拓展了桑葚与黑莓的应用领域。本发明生产的功能性紫玉米复合饮料从感官上可知，该饮料风味独特，口感细腻，营养均衡，并且富含 γ-氨基丁酸、花青素、大豆蛋白、谷胱甘肽以及膳食纤维等有益成分，具有改善脑部机能、镇静神经、改善睡眠、抗氧化、延缓衰老和提高机体免疫力等功效，是一种理想的保健饮料，产品中 γ-氨基丁酸含量为 $12\sim18mg/100mL$。专利申请号：CN 201310236052.4。

4.2 技术关键点与难点

紫玉米复合饮料的生产主要包括 4 个步骤：（1）紫玉米低氧胁迫发芽及低温胁迫联合回温处理。（2）原料加工。（3）混合调配。（4）均质、脱气、灭菌和灌装。其中，较为关键的步骤是第一步和第三步。

4.3 应用案例与前景

紫玉米经中国农业谷物品质监督测试中心检测含有 18 种氨基酸，并含有人体必需的 21 种微量元素和多种维生素以及天然色素，紫玉米色素具有非常好的抑制癌细胞的功效。所以，今后紫玉米的应用前景将会十分广阔。

主要完成人：顾振新，吴进贤，尹永祺，杨润强，刘春泉，李大婧

主要完成单位：南京农业大学

技术成熟度：★★★☆☆

第三节　小　麦

1　高效节能小麦加工新技术

1.1　成果简介

小麦是我国人民的基本粮食作物之一，它的生产与供应是国家粮食安全保障体系的一个重要环节。在小麦粉的加工过程中，能耗较高、出粉率低、出粉率与质量矛盾突出，面粉对加工面条、馒头以及水饺等蒸煮类食品适应性较差，且在某些方面存在着一定的质量安全问题。针对这些问题，参加此项目的单位进行了密切合作，联合攻关，在对小麦加工理论、工艺、设备以及相关制品进行研究后，创新了适合我国国情的高效、节能、营养以及安全小麦加工新技术，这些技术从根本上改变了中国小麦加工技术落后的局面，并且实现了向国外的技术输出。主要技术内容：（1）首创强化物料分级、纯化以及磨撞均衡制粉等技术，这些技术的特点是提高单位产能、降低电耗，且优质粉出率提高10%以上，总出粉率提高3%以上。（2）创新研究了制品分离、重组以及可控物料粉碎等关键技术，这些技术可有效控制面粉组分与粒度，使其品质达到蒸煮类食品质量要求，成功开发出了适合馒头、面条及饺子等专用粉。（3）研究了清洁处理、真空浸润调质以及添加物检测控制等技术，在一定程度上有效减少了产品的农药残留、有害生物及其代（排）谢产物，保证了小麦加工制品质量安全。（4）合理利用小麦麸皮内源性植酸酶，并通过复合淀粉酶、蛋白酶以及脂肪酶对麸皮进行处理，最终得到了高纯度的麦麸膳食纤维。（5）创新了高速雾化水—粉混合系统及面团柔

性均质熟化的连续和面技术与高效挂面烘干技术，有效降低能耗，提高了挂面质量。

1.2 技术关键点及难点

研究小麦制品分离与重组、可控物料粉碎等技术，有效控制面粉组分和粒度，加工成适合制作不同产品的专用粉；进行添加物检测控制，保证小麦加工制品的质量安全；创新连续和面技术和高效挂面烘干技术，提高挂面质量，降低能耗。

1.3 应用案例与前景

成果在全国 28 个省份应用，并推广至国外。2009 年入统的824 家日加工小麦 200t 以上企业中累计有 586 家应用该项技术成果，占入统企业总数的 70% 以上，挂面加工企业有 50% 以上采用该技术。累计产生直接经济效益 150 多亿元、新增利润 50 多亿元、节电 31 亿 kWh、节约小麦 1 950 万 t（相当于约 5 000 万亩良田 1 年的小麦产量）。经济社会效益显著。

主要完成单位：河南工业大学，武汉工业学院，克明面业股份有限公司，河南东方食品机械设备有限公司，郑州智信实业有限公司，郑州金谷实业有限公司

技术成熟度：★★★★★

2 直条米粉现代化改造关键技术研究与产业化示范

2.1 成果简介

该项目于 2010 年立项，经过西华大学与四川银丰食品有限公司近 4 年的研究攻关，并且在此期间投入了大量的人力物力，最终在提升特色传统直条米粉自动化生产程度、相关成套设备以及非标设备的研发匹配与系列特色直条米粉（如莲籽米粉、苦荞米粉、紫薯米粉、杂粮米粉等）新品开发、米粉加工全程质量控制、米粉防断条与黏接加工工艺、防尘节能控温老化关键技术等

方面取得了突出性成果。这些成果在 2014 年 3 月举行的科技成果鉴定会上取得了行业专家的一致好评，特别是在糊化、干燥以及老化方面创新性的利用现代化设备解决了传统直条米粉在高温季节容易断条与黏结的行业共性问题，鉴定结果为行业领先。这些项目成果初步在四川银丰食品有限公司进行应用后，大幅度提高了生产效率与产品质量，保证了食品安全。其次，这些技术还丰富了产品种类，提高了当地大米的综合加工利用率，同时给公司带来了显著的经济效益。

2.2 技术关键点及难点

直条米粉自动化生产设备研究、特色传统直条米粉自动化程序干燥工艺研究、系列特色直条米粉（莲籽米粉、苦荞米粉、紫薯米粉、杂粮米粉等）新品开发、米粉防断条与黏接加工工艺、米粉加工全程质量控制、防尘节能控温老化研究。

2.3 应用案例与前景

西华大学主要负责企业的新产品研发和科技成果转化工作，为企业开发、引进新产品（新味型）超过 10 项，其中 9 项已成功实现规模化生产，仅 2013 年就实现产值 9 140 万元，利税 800 余万元。项目成果全面应用的 2012—2014 年 3 年间，实现产值 2.6 亿元，为国家多创造税收 1 100 万元，实现净利润 2 300 万元，投资利润率：41.81%。较项目实施前的 2009—2011 年提高了产值 19 400 万元，实现利润增长近 1 600 万元，多缴税金 750 万元，增加农民收入 14 100 万元。同时，项目技术在四川省内的南充市、凉山州，省外的云南、黑龙江等地得以推广，相关企业在 2014 年产量已达到 16 000t 以上，实现产值 5 亿元以上，对农民增收的辐射带动效果达到 6 亿元以上，有效解决了主粮产品深加工难的问题。

主要完成人：张良，李玉锋，许斌，刘建伟，雷激，周家文，秦宴兵

主要完成单位：西华大学，四川银丰食品有限公司

技术成熟度：★★★★★

3 小麦副产物高值化利用关键技术研究与产品开发

3.1 成果简介

本项目小麦副产物主要指的是麸皮，是小麦加工面粉后得到的外层表皮。在过去，麸皮主要应用于饲料的加工，经济价值没有得到很好的利用。实际上，麸皮有较多有用的功效，可以进行多层次的开发利用，其深加工潜力大且门路多。麸皮可以作为中药入药，麸皮中含有大量人体必需的营养成分，具有润肺、滋润皮肤，防癌抗癌，健脾和胃，乌发固发以及清理肠胃等作用，在医疗保健方面具有重要价值。据现代科研测定，麸皮中对氨基苯甲酸含量是植物中最高的，对氨基苯甲酸是人体细胞在分裂过程中必需的物质，起着恢复皮毛颜色作用。其次，麸皮还可作为食品添加剂，广泛用于面包、饼干的制作。此项目研究的主要内容有：（1）麸皮特征性质的研究：为拓展麸皮的高值化利用提供理论基础；项目开展了麸皮的理化性质、风味组成成分、抗氧化活性物质及其抗氧化活性的研究。（2）麸皮系列产品研究与开发：项目以降低成本及简化工艺为目的，研究了麸皮饼干、麸皮挂面以及麸皮茶等系列产品的加工关键技术，在很大程度上克服了麸皮加工产品常见的口感粗糙与苦涩味等问题，最终制备出的产品不仅感官品质良好，而且在营养与抗氧化活性方面显著强于普通饼干、挂面或粮食茶；（3）麸皮发酵与生物活性研究：利用酵母发酵技术研究麸皮、酵母联合根霉菌发酵麸皮、黄豆粉与花生粉三者的混合物，深度挖掘麸皮的高值化利用途径。项目形成国家发明专利2项。

3.2 技术关键点与难点

关键点在于如何有效克服麸皮加工产品中常见的口感粗糙及

苦涩味等问题。在麸皮发酵与生物活性研究方面，复合发酵菌与复合材料的选择对于最终产品的质量起着至关重要的作用。

3.3 应用前景与案列

研究成果在四川巴中龙头食品有限公司、达州市达县龙头面制品厂、四川鼎立粮油有限公司、宝鸡祥和面粉有限公司等多家企业推广应用，实现了产品从传统的单一类到精深加工的跨越式发展，极大地扩大了企业的市场覆盖面，累计新增销售收入 4.5 亿元，提供就业岗位 80 个以上。

主要完成人：张爱民，李玉锋，张国栋，雷激，王学山
主要完成单位：四川省巴中龙头食品有限公司，西华大学
技术成熟度：★★★★★

4 小麦清洁加工与副产物高值化利用关键技术研究

4.1 成果简介

针对制约小麦在加工过程中健康可持续发展技术问题，项目进行了以下研究：小麦加工智能化全程控尘技术；燃气导热油炉自控烘干技术；面条节能在线回收技术；系列面条新产品加工技术；副产物生物酶法制备高活性麦麸膳食纤维技术；面条生产全程质量控制体系构建与食品安全保障技术。主要研究成果有：（1）在面条节能烘干工艺方面的研究：创新了挂面的烘干工艺技术，该技术以天然气作为热源，以导热油作为热传递介质，天然气燃烧充分，加之含硫量与含氮量低，且无固体废物排放。采用封闭循环供热，具有低压高温的特点，使生产工艺更卫生、环保、安全及节能，节约能耗可达到 50％以上，该项目技术在国内同行业中处于领先水平并且填补了省内空白。（2）小麦清洁加工方面的研究：除尘采用 tblM 系列低压脉冲除尘器结合智能调速控制系统强化车间除尘，加以智能变频调速利用它的高效率，

高功率因数，以及优异的调速与启制动性能等诸多优势进一步实现了小麦的清洁加工。（3）副产物高值化利用方面：结合生物酶法和化学碱法克服了传统化学方法在麦麸纤维制备技术取得了一定成果，其次，还克服了具有生理活性的营养成分破坏程度大，反应条件变化大，不易控制，并且生产成本高的劣势。最终制得的膳食纤维粉与同类产品相比，其可溶性膳食纤维含量提高，赋予产品细腻的口感，并且这样的产品人体吸收更容易，且强化了膳食纤维的营养功能。

4.2 技术关键点及难点

在面条烘干工艺中，以天然气作为热源，导热油作为热传递介质，使生产工艺更先进、卫生、环保、安全、节能。

4.3 应用案例与前景

技术初步应用以来，截至 2013 年 6 月，年新增挂面产量3 360t，新增销售收入 5 411.2 万元，新增利润 267 万元，新增税金 186.54 万元，实现年节能 20% 以上，年减少二氧化硫排放142.57t，减少烟气排放 2 280.12 标 m³，减少灰尘 1 931.2t，减少炉渣 798.17t。同时，项目技术应用以来，巴中龙头食品有限公司共新增安置解决了 21 名下岗职工实现再就业。

主要完成人：雷激，张爱民，王学山，李玉锋，张国栋，张良，赖朋，杨文宇

主要完成单位：四川省巴中龙头食品有限公司

技术成熟度：★★★★☆

5 小麦胚芽活性肽

5.1 成果简介

两个或两个以上的氨基酸以肽键相连的化合物称为肽，它在人体内起着重要的生理作用。另外，具有活性的多肽称为活性

肽，又称生物活性肽或生物活性多肽。

活性肽是 1 000 多种肽的总称。它在人的一生中起着关键作用如生长发育、新陈代谢、疾病以及衰老等。正是因为活性肽在体内分泌量的增多或减少，才使人类有了幼年、童年、成年、老年直到死亡的周期。根据有关研究得知注射活性肽可打破生命的这一周期，从而在某种程度上达到延长生命，有效减缓衰老的神奇效果。

肽是一种介于氨基酸与蛋白质之间的物质。肽具有吸收快、无过敏以及生理活性强等优点，是继蛋白质、氨基酸之后的新一代营养品。小麦加工业过程中的胚芽是一种重要副产品。现代研究证明，小麦胚芽肽是目前谷物类活性肽中抗氧化活性（能延缓衰老）和 ACE 抑制活性（抑制高血压）最强的蛋白肽，同时小麦胚芽肽还具有抗疲劳、防癌等功效，已经被国外消费者广泛认可，产品市场前景十分广阔。本项目历经十多年的研究，开发出国内首套成熟的小麦胚芽活性肽生产技术，即活性肽定向酶解技术以及高效分离技术，该技术优点在于具有设备投资小，产品品质好等特征，是小麦胚芽深加工首选。

5.2 技术关键点与难点

本项目开发出活性肽定向酶解技术和高效分离技术，实现了活性肽的高效释放和有效分离

5.3 应用案例与前景

效益分析：（资金需求总额 400 万元）设备投资 550 万，年生产小麦胚芽肽粉 300t；1t 小麦胚芽肽粉成本（原料＋加工成本＋包装）为 4 万元；1t 成品售价：1 包（500g）×40 元/包×2 000 包＝8 万元；1 年净利：（8－4）万/t×300t＝1 200 万。该技术成果已在永城市弥诺食品有限公司进行推广应用，具有显著的经济和社会效益。

主要完成单位： 江南大学

技术成熟度： ★★★★☆

6 小麦麸皮功能饮料

6.1 成果简介

小麦麸皮指的是面粉加工中的副产物，是在麦粒去皮过程中收集到的外层表皮（表层）。麸皮中淀粉的含量约为20%，蛋白质含量为13%~15%，还含有丰富的维生素及一些矿物质，属于一种价廉优质的发酵原料。特别在固体发酵中（如制曲），麸皮优势更为明显，因麸皮营养适中，再加上其结构疏松以及表面积大，所以更有利于通风，是较常用的固体培养基原料。

江南大学以小麦加工过程中的副产物麸皮为原料，经过预烘焙、酶解、澄清、调配、过滤以及杀菌灌装等工艺，制成了一种功能性饮料。通过预烘焙技术改善了麦麸的风味；通过酶解后将麦麸中的木聚糖转化为低聚木糖（益生元）；最后再将淀粉转化为葡萄糖及麦芽糖，降低了调配中甜味剂用量；此外，还将蛋白质转化为氨基酸及多肽。本项目技术生产的麦麸饮料，不但具有浓郁的麦麸烘焙香味，除低聚糖、多肽、氨基酸外，还保留了麦麸中的微量元素、矿物质以及维生素。此产品的常温保质期可达到18个月，冷藏保质期可达到24个月。

6.2 技术关键点与难点

该技术通过烘焙改善风味；利用复合酶解将麦麸碳水化合物、蛋白质转化为功能成分，同时保持麦麸中天然营养成分。

6.3 应用案例与前景

效益分析：（资金需求总额1 000万元以上）主要设备为烘焙房、酶解罐、板框过滤机、超滤、HTST杀菌、无菌灌装、洗瓶机、吹瓶机等。具体投资根据产量决定。按麦麸价格2 000元/t计，麦麸中阿拉伯木聚糖含量为30%，转化得率为50%，产品中低聚木糖含量2g/L，则每吨麦麸可生产75 000 L饮料，以每瓶500mL计，可产150 000瓶。按3元/瓶售价，为45万元。目前项目技术已经成熟，正在寻找有意向的推广企业。

主要完成单位：江南大学

技术成熟度：★★★★☆

7 生鲜湿面制品工业化生产工艺技术及产业化

7.1 成果简介

生鲜湿面是一种经济的大众化食品深受人们喜爱。目前，生鲜湿面的生产大多是以家庭作坊式加工，其工业化生产严重不足，该项目的研究开发是针对鲜湿面条工业化技术"瓶颈"而进行的，该技术成功地解决了鲜湿面工业化生产过程中的关键技术，该技术条件下生产的鲜湿面条，其品质达到了日本等国家和地区的技术水平，并且拥有了自主知识产权，产品口感好，香味浓，货架期较长，市场看好，而且产品中没加任何有害添加剂，实现了鲜湿面工业化生产。该项目先后在三个方面取得突破：（1）生鲜湿面保鲜技术。该技术从三个方面进行了研究：①引起早餐鲜湿面变质的微生物分离；②抗菌保鲜剂的选择；③工业化生产车间减菌化处理技术的车间设计，通过研究，该技术延长了产品的货架期。（2）面制品品质劣变机理的研究。主要从两个方面进行：①植物提取物对产品微观结构变化机理；②水分控制技术对品质的影响。（3）鲜湿面制品色泽保持关键工艺技术。该研究通过控制水分含量，确定原料成分配比、贮藏时间与方式、选用了适合抗菌保鲜剂等工艺技术，这些技术手段大大增加了产品的色泽与光泽度。鲜湿面技术经济指标：原料表面杀菌方式和时间：紫外线灯 30min；和面用水量：$25\% \sim 28\%$；熟化时间：30min；产品的水分含量 $18\% \sim 23\%$。生鲜湿面产品的微生物指标：菌落总数（cfu/g）：25 000；大肠菌群（MPN/100g）：45；致病菌：未检出。感官指标：色泽洁白，有嚼劲；无酸味、霉味。产品货架期：常温下：60d；低温（$0 \sim 10$℃）180d。

7.2 技术关键点及难点

为了解决鲜湿面工业化生产中出现断条，口感粗糙和生鲜湿面货架期短、胖袋和变色变味等技术难题，结合鲜湿面制品的特点，探明引起鲜湿面制品变质微生物菌属，比较了植物提取物与抗菌保鲜剂抗菌效果，创立了鲜湿面保鲜技术。

7.3 应用案例与前景

该项目通过产学研紧密结合，培养了5名硕士研究生、36名本科生及25名技术骨干。并已在中国5家企业实施推广，建成生产线6条。近三年来，6家（含项目申请单位、中试企业）技术应用推广重点企业新增产值21 056.58万元，直接新增效益近4 100多万元，取得了显著的经济效益与社会效益。

主要完成人：周文化，何功秀，张江，张建春，郑仕宏，唐鼎，周其中，普义鑫，李丽辉，梁盈

主要完成单位：中南林业科技大学，长沙南泥湾食品厂

技术成熟度：★★★★☆

8 功能型燕麦新品种选育与新型健康食品开发及产业化示范

8.1 成果简介

该项目通过育种技术的创新研究、选育加工专用型燕麦优质品种和配套栽培技术研究、燕麦深加工技术和新型健康食品的研究，提高我国燕麦育种技术水平、主产区的生产水平、延长燕麦产业链并提高产品附加值。通过课题的实施，使我国燕麦整体技术水平、产业化生产水平以及经济效益获得了显著提高，国际市场竞争力也明显增强，推进了燕麦产区农民脱贫致富与燕麦市场化、国际化的进程。

本课题启动实施以来，组织了全国各地燕麦育种的科研单

位、燕麦加工技术研究的大专院校、燕麦产区的龙头企业，形成了一支聚科研单位、大专院校以及企业参加的，多学科、跨行业、跨地区的全国燕麦科技创新队伍。针对燕麦产业目前存在的关键问题，该课题在主管部门的指导下，重点围绕我国燕麦新品种选育、配套栽培技术、加工增值利用技术的产前、产中、产后三个方面开展了科研及成果示范工作。历经五年的分工协作与共同努力，各项计划任务的目标进展顺利，取得了显著的成果，解决了一大批关键技术，为我国燕麦整体技术水平、产业化生产水平以及经济效益显著提高，提供了重要的技术支撑。

8.2 技术关键点及难点

开展燕麦核不育利用等育种技术创新研究；通过对燕麦种质资源中富含 β-葡聚糖的品种筛选、性状改良、区域鉴定、生产示范等研究，选育出适合燕麦加工专用的优质新品种。结合新品种推广，以提高出苗率为目标，开发燕麦抗旱型种子包衣剂应用技术。

8.3 应用案例与前景

通过推广晋燕 8 号、晋燕 9 号、燕科 1 号等系列燕麦新品种及配套技术，五年累计辐射推广面积 340 万亩，新品种平均亩增产至少 15kg，每 kg 燕麦 2.8 元，新增产量 5 250 万 kg，新增经济效益 1.47 亿元。通过建立新品种的示范区，使示范区燕麦单产和总产水平都得到大幅度的提升，一些地块的产量甚至达到翻番，农民种燕麦的经济收入显著增加。燕北绿色食品厂建成的燕麦米生产线，通过 2009 年一年多的试运行效果显著，不仅达到年产 3 000t 的目标，而且产品一上市就供不应求。企业经济效益也很好，年利润保守估计可达 60 万~80 万元。

主要完成人：崔林，杨才，任长忠
主要完成单位：山西省农业科学院农作物品种资源研究所
技术成熟度：★★★★☆

9 谷蛋白粉改性及小麦肽制备技术

9.1 成果简介

谷蛋白粉又可称为活性面筋粉、小麦面筋蛋白等，是小麦面粉当中的一种营养丰富天然的植物性蛋白质，呈淡黄色，蛋白质含量高达 75%～85%，具有黏性、弹性、延伸性、成膜性以及吸脂性。谷蛋白粉可作为一种优良的面团改良剂，并广泛应用于面包、面条、方便面的生产中，也可用于肉类制品中作为保水剂，同时还可作为高档水产饲料的基础原料。目前国内还把谷蛋白粉作为一种高效的绿色面粉增筋剂，高筋粉、面包专用粉的生产也是采用的谷蛋白粉，其添加量也不受限制，此外，增加食品中植物蛋白质含量的有效方法之一就是增加谷蛋白粉。

谷朊粉是小麦淀粉生产过程中的副产品。该项目通过不断地研究，最终获得了一种低脂肪以及高蛋白的改性谷朊粉的制备方法；该方法采用酶膜耦合连续反应可制备小麦面筋蛋白源肽；项目还研究了小麦面筋蛋白酶解物的制备、功能性质以及阿片活性，最终建立了一种酶解小麦蛋白制备小麦蛋白源阿片活性肽的方法。

9.2 技术关键点与难点

对蛋白质可控酶解得到高活性的小麦面筋蛋白酶解物；采用酶解—膜分离耦合技术制备小麦面筋蛋白阿片肽的建立与完善；新型脱盐方法和利用电荷效应进行膜分离技术的确立。

9.3 应用案例与前景

小麦肽具有抑制胆固醇上升的作用，能抑制血管紧张素转化酶的活性，具有抗氧化活性，调节免疫，抑制凋亡等作用。所以在今后应当具有较大的市场空间。

主要完成单位：江南大学，汕头市天悦食品工业技术研究院
技术成熟度：★★★☆☆

第四节 高　　粱

1　高粱深加工技术集成及其产业化

1.1　成果简介

该项目主要研究成果：（1）高粱米加工系列产品生产技术。经多年不断的研究，辽宁省农业科学院食品与加工研究所获得了糙米煎饼等若干相关专利，并在现有的加工技术基础上，加工出了高粱米糊、高粱米面包、面条、煎饼以及饼干等产品。（2）高粱甜秆加工技术及其产品。该研究经研究获得了一些甜高粱秆饮料的相关专利。加工产品有：高粱甜秆饮料以及高粱甜秆酒。（3）高粱乌米加工技术及其产品。经该所科研人员研究，从高粱种植、贮藏到加工的各个环节均获得多项相关专利，如袋装乌米保鲜、高粱黑粉真菌营养添加剂等。加工产品有：袋装保鲜高粱黑丝菇，高粱黑丝菇脯、酱，高粱黑丝菇黑色素等。（4）高粱壳红色素提取技术及产品，以黑紫色或红棕色高粱壳为原料提取高粱红色素，试验中用热水或乙醇浸提出的红色素，主要成分为异黄酮半乳糖苷，它可以作为一种天然的食品着色剂，可在各类食品中按生产需要进行适量使用。

1.2　技术关键点及难点

关键在于研究利用高粱甜秆加工成饮料及乙醇；以及高粱壳红色素的提取研究。

1.3　应用案例与前景

该成果已在辽宁金实集团、本溪寨香生态农业有限公司和辽宁科光天然色素有限公司得到应用，显示出广阔的应用前景。高粱深加工技术集成及其产业化为高粱生产、加工、产品流通，为高粱产业的快速发展提供了强有力的科技支撑。该成果的应用与推广，不仅促进高粱生产的可持续发展，推动食品工业科技进步，确保中国粮食生产安全，而且能有效缓解"三农"问题，提高国民的营养健康水平，促进社会和谐发展。

主要完成人：马涛，石太渊，张华，姜福林，李莉峰，于森，迟吉捷，高雅，王小鹤，王琛，徐立伟，张锐，朱华，韩艳秋，吴兴壮

主要完成单位：辽宁省农业科学院食品与加工研究所

技术成熟度：★★★☆☆

2 利用裹包技术生产甜高粱青贮饲料的工艺及其应用研究

2.1 成果简介

该项目自筹经费 12 万元，由甘肃民祥牧草有限公司依托在宁远镇红土村投资建设的 20 万 t 裹包青贮饲草加工生产线，通过采用日本 STAR 公司全进口设备 SSw2020C 裹包青贮设备，在甜高粱裹包青贮饲料的工艺原理、设备选型、生产流程以及技术参数等方面进行了研究；且对甜高粱裹包饲料和窖贮玉米秸秆青贮饲料进行了营养成分测定，并以这些青贮饲料开展了奶牛饲喂试验，结果表明，试验组可比对照组奶牛头日均产奶量增加 1.62kg；最后，该项目还制定了饲用甜高粱裹包青贮饲草企业标准。

2.2 技术关键点及难点

研究甜高粱裹包青贮饲料的工艺原理、设备选型、生产流程、技术参数等，形成 20 万 t 裹包青贮饲草加工生产线。

2.3 应用案例与前景

项目期内新增产值 519.3 万元，新增纯收益 198.45 万元，经济、社会及生态效益显著。项目扩大了饲草料来源，带动了当地产业结构的调整，实现了农牧结合可持续发展。

主要完成人：林益民，剡晓萍，杨瑞婷，冯强，安继忠，唐春霞，王剑诏，赵圣民，吕明娟

主要完成单位：甘肃民祥牧草有限公司

技术成熟度：★★★☆☆

3 甜高粱的加工利用

3.1 成果简介

甜高粱也叫糖高粱、芦粟、甜秆，它属于粒用高粱的一个变种，这种高粱具有较多的优点，如生物产量高、用途广、耐涝、耐旱、耐瘠薄与抗盐碱。另外，这种高粱对肥力要求并不高，生长较为迅速，糖分积累也快，它同普通高粱一样，籽粒产量也能达 3 000～4 500kg，不同的是甜高粱茎秆多汁，富含糖分，每公顷单产可达 45～60t（高的可达 75t 以上）。甜高粱每公顷每天合成的碳水化合物可产高达 48L 的酒精，而玉米、小麦、粒用高粱分别只有 15L、3L 和 9L。甜高粱的光合效率为大豆、甜菜以及小麦等作物的 2～3 倍，所以甜高粱称得上是名副其实的"高能作物"。近年来，甜高粱已成为世界一种新兴的糖料、饲料和能源作物。

国内目前对甜高粱的加工主要利用在高粱籽粒酿制白酒、加工成饲料以及生产乙醇等。在用甜高粱酿制白酒的过程中，使用了含高粱的复合原料、复合菌种、复合酶制剂等生物技术。在饲料加工中，其前期处理模式分别为：经过剥皮机处理后的甜高粱芯，再经二辊式压榨榨出汁后的甜高粱茎秆残渣，经过酒糟发酵的甜高粱茎秆芯酒糟，最后接种黑曲霉。

3.2 技术关键点与难点

以甜高粱为原料，研究先进的高粱加工技术，实现高效绿色生产。

3.3 应用案例与前景

中国甜高粱栽培历史悠久，但加工利用较少，主要用途是做甜秆嚼汁。若将甜高粱加工酿制成白酒或饲料，其应用前景必然广阔。

主要完成人：周美静，王领，牟建楼

主要完成单位：河北农业大学食品学院

技术成熟度：★★★☆☆

4 美国甜高粱栽培及糖浆生产技术

4.1 成果简介

甜高粱作为普通高粱的一个变种，其特点是茎秆汁液中含有丰富的糖分。甜高粱的各部分都具有不同的用途，籽粒可食用、饲用及酿酒；茎秆可作饲料，茎秆中的糖分经过加工可直接加工成食用糖浆，亦可经发酵生成乙醇；茎秆的纤维也可作为造纸的上等原料。在美国，甜高粱生产糖浆为提高农民收入提供了一个良好的机会。因为种植甜高粱不需要太多耕地，其面积在 $0.4\sim 1.2hm^2$ 便可以了，加之有限资金，最适合小农场主。在美国，甜高粱可生产糖浆 $2~246\sim 3~369L/hm^2$，售价在 $3.3\sim 4.4$ 美元/L。高粱糖浆的市场前景很被看好，糖浆在加工生产后 2 个月内即可销售一空。从当年 12 月到来年的 8 月市场上几乎没有高粱糖浆。所以糖浆的产量增加几倍仍有市场。而在我国采用甜高粱生产糖浆还属空白。为了提高我国甜高粱加工利用水平，本文全面介绍了美国甜高粱栽培与糖浆生产技术，供广大科技工作者及农民朋友参考。甜高粱的栽培：（1）土壤的选择：通常最适合种植甜高粱的是沃土和沙沃土。种植地良好排水条件对糖浆外观品质非常重要。（2）品种的选择：甜高粱的品种也较多，不同品种对糖浆品质有相当重要的影响，因此，应选择最适宜品种进行种植。（3）施肥管理：和其他作物一样，想要一个好的收

成，适当的对土壤施肥尤为重要，施肥技术可能会影响糖浆质量。（4）适期播种：试验表明，播种过早，幼苗的生长速度缓慢，防治杂草也较为困难，所以应当选择适当的月份进行播种。（5）杂草防治：可广泛使用中耕方法防止甜高粱杂草。（6）病害防治：可以通过选用抗病品种或轮作来控制。糖浆生产有几个关键的步骤：①汁液榨取；②过滤静置汁液；③汁液蒸发；④糖浆浓缩；⑤结束熬制糖浆。

4.2 技术关键点与难点

在甜高粱栽培过程中，注意种植土壤和高粱品种的选择；在糖浆生产工艺中，注意汁液榨取、过滤静置汁液、汁液蒸发、糖浆浓缩等流程。

4.3 应用案例与前景

在美国，高粱糖浆的市场前景看好，生产的糖浆在加工后2个月以内即可销售一空。从当年12月到翌年8月市场上一般没有高粱糖浆。因此，即便糖浆产量增加几倍仍有市场。而在我国生产甜高粱糖浆尚属空白。所以，此技术在中国一定具有较高的发展前景。

主要完成人：李桂英，李金枝
技术成熟度：★★★☆☆

第五节 薯 类

1 彩色薯繁育、加工关键技术研究与应用

1.1 成果简介

彩色薯包括彩色马铃薯与彩色甘薯。彩色薯因其五彩缤纷的颜色、极佳的口感、优良的品质、丰富的营养以及极高的保健价值，受到较多消费者青睐。目前，国外从鲜食到加工，已经形成健康食品产业链条。与国外发达国家和地区相比，国内在彩色薯

发展上相对不足，主要表现在缺少规模化种植，没有形成良好的产业链条。即使形成了产业链，其结构也是很不健全的，表现为彩色薯品种较少，种薯种苗质量差，种植面积不集中，病害防控体系还比较薄弱，产量不高，品质差，彩色薯的加工比例低，缺乏精深加工。项目对彩色薯新品种引种、选育、种薯（苗）培育、高效配套栽培技术及产后加工等方面进行了一系列的研究。取得了以下成果：（1）通过国外引种，采用常规育种技术以及现代生物技术相结合的方式，自主选育彩色马铃薯新品系4个；引种选育出彩色马铃薯新品种1个；筛选出彩色甘薯鲜食品种4个；筛选出加工专用彩色甘薯品种3个。这些品种综合性状优良，专用性突出，现已在生产上得到广泛应用。（2）研究出高效配套栽培技术，彩色薯的产量得到大幅度提高。（3）研究出彩色马铃薯早熟防寒高效生产技术。（4）项目对彩色薯加工进行了系统的较为深入的研究与推广工作，特别是以紫色甘薯为原料工业化生产新型绿色加工食品，重点开展紫薯全粉与薯泥加工的专用关键设备研发、改进与创制；研制和开发紫薯全粉与薯泥加工新工艺，最终生产的产品经过成都市产品质量监督检验合格，并获得了国家颁布的紫薯全粉和紫薯薯泥的薯类食品生产许可证。

1.2 技术关键点及难点

根据成都地区的气候特点，针对彩色薯的生理周期，研究出高效配套栽培技术，大幅度提高彩色薯的产量。

1.3 应用案例与前景

产品已在多家企业得到推广应用，实现了以紫薯全粉与薯泥为原料开发多种早餐速食食品、营养保健食品和休闲食品。其加工新工艺、专用设备与系列产品研发等方面具有创新性、先进性，在国内率先实现了紫薯全粉加工关键技术的创新，技术水平居国内领先。项目研究成果广泛应用于生产，推广彩色薯19.19万亩，彩色薯生产实现产值11.79亿元，新增社会经济效益4.01亿元，企业产后加工新增社会总产值近亿元，利税近千万元，社会经济效益显著。

主要完成人：桑有顺，陈涛，冯焱，阎文昭，赵力，韩庆新，李兰，李倩，彭慧，黄敏，汤云川

主要完成单位：成都市农林科学院

技术成熟度：★★★★★

2 甘薯全粉加工新技术研究与应用

2.1 成果简介

马铃薯、甘薯的生产、贮藏以及加工在西南地区与南方具有典型的代表性，与"三农"经济的发展密不可分。研究成果如下：（1）甘薯全粉生产关键技术将采用微波处理熟化与热风干燥相衔接、采用微波熟化、连续螺旋挤压以及无回填闪蒸气流干燥技术相结合，形成两种不同规模的甘薯全粉生产工艺，可进行批量生产，另外还改造和研制了 3 套设备，实现了加工技术与设备的双重创新。（2）成功开发了紫薯全粉、紫薯糊等系列产品，形成了 13 个品种规格系列。其中，紫薯糊采用微波处理加造粒干燥结合的新工艺，系国内首创。（3）生产基地建成了 3 个甘薯全粉及其应用产品示范加工基地；并且与多家企业进行了合作，指导企业建立生产线以及下游应用领域产品；生产出的产品通过了 QS 认证和有机产品认证，同时制定了 4 项企业标准。（4）专用品种的筛选以及原料基地建立甘薯品种保存圃，收集保存甘薯品种（系）达 55 份，筛选出加工专用品种 6 个，最终集成创新栽培技术体系，在四川省 20 多个甘薯主产市县推广，建立优质加工原料生产基地 15 万亩。

2.2 技术关键点及难点

对传统设备进行改进，对设备进行衔接整合，提高机械化水平，降低能耗。紫薯快餐复合粉生产中首次采用"微波处理＋造

粒干燥"的新工艺。

2.3 应用案例与前景

2010 年以来,该成果已在甘薯全粉及其系列应用产品开发方面进行了成功的推广应用,建成大型气流全粉、小型热风全粉和快餐速溶薯粉示范生产线 3 条,研发了紫薯全粉、紫薯糊、紫薯挂面、紫薯方便粉丝、紫薯面皮、紫薯月饼、紫薯面粉、紫薯汤圆粉等 13 种甘薯全粉与应用新产品,加工甘薯全粉及其应用产品 6.9 万 t,实现产值 8.82 亿元,盈利 1.42 亿元,实现了薯类全粉加工核心技术及其加工产业的升级换代,社会效益和经济效益显著。

主要完成单位:四川省农业科学院农产品加工研究所
技术成熟度:★★★★★
附图:甘薯全粉加工、成果推广产品

3 薯类全粉生产关键技术及配套装备的研究与应用

3.1 成果简介

中国属于薯类种植大国,其资源十分丰富,马铃薯与甘薯种植面积以及产量均居世界首位。2013 年中国马铃薯以及甘薯种植面积高达 890 万 hm^2,其面积占了世界的 33%,总产量在 1.66 亿 t 左右,其中马铃薯最多为 9 594 万 t,甘薯 7 053 万 t(FAO,2013),是位于稻谷、玉米以及小麦之后的第四大主要粮食作物,在国民经济中占有重要位置。但是中国马铃薯与甘薯在加工上存在产品种类较少、废液和废渣直接排放或丢弃、造成环境污染及资源浪费的缺点。从另一方面来说,薯类也具有较多的优点,如全粉具有营养成分保存率高、加工用途广、生产过程环保等,因此逐渐成为薯类深加工的重要方向。然而我国在薯类加工方面还存在着诸多问题,如生产技术水平低、加工设备落

后、产品质量差、营养损失严重、产品品质评价及加工专用薯种
筛选标准匮乏等，薯类全粉加工行业整体发展缓慢。为解决上述
问题，该项目系统进行了薯类全粉的生产工艺、加工设备、加热
过程中薯细胞变化规律、品质评价指标及专用薯种筛选等方面的
研究，主要技术创新点在于：发明了一步热处理制备高细胞完整
度甘薯全粉的新工艺，生产流程得到进一步简化，并且蒸制生产
周期缩短约 60%，显著降低了细胞破损率以及游离淀粉含量，
提高了全粉品质，蒸制设备投资成本降低约 50%，吨产品蒸制
能耗也降低一半以上。

3.2　技术关键点及难点

发明一步热处理制备高细胞完整度甘薯全粉的新工艺，简化
生产流程；研究热加工过程中甘薯细胞组织结构及形态的变化规
律；研究生产薯类全粉薯种筛选的关键指标，并建立高细胞完整
度薯类全粉品质评价标准体系。

3.3　应用案例与前景

该技术成果已在北京御食园食品股份有限公司等 7 家企业进
行推广应用，近 3 年累计生产、销售薯类全粉及深加工产品近
1.5 万 t，薯类全粉加工设备 200 余台套，新增产值 4.8 亿元，
新增利润 1.4 亿元，新增税收 3 608 万元，节支总额 4 396 万元。
新型薯类全粉研究、开发及其产业化推广，进一步拓宽了中国薯
类加工的利用途径，对延长薯类产业链，促进农民增收以及中国
优势薯类资源的充分开发和利用具有重要意义。

主要完成人：木泰华，何伟忠，陈井旺，张苗，董立军
主要完成单位：中国农业科学院农产品加工研究所
技术成熟度：★★★★★

4 薯类原料高效乙醇转化技术

4.1 成果简介

原料黏度过高可限制薯类制造生产乙醇，该项目利用多糖单克隆抗体芯片在国内外率先解析了薯类原料黏度产生机制，精确定向开发了一种降黏技术，该技术具有自主知识产权。此技术是利用以"逐级筛选加之以 CO_2 高压筛选平台"为核心的系统定向选育技术，首次选育到具有高产物反馈抑制耐性的高效菌株，并进一步研究了高效菌株的压力应答机制，同时开发了高效水解复合酶配伍及相关应用技术，首次实现了高黏度薯类鲜原料在高浓度下也能快速进行乙醇发酵，以含水量大于 70%、淀粉含量仅 16%～25% 的鲜薯为原料，将发酵醪黏度由大于 40 000mPa.S 降低到小于 1 000mPa.S，乙醇浓度由现有技术的 6%～7%（v/v）提高到 10%～12%（v/v），发酵效率由小于 88% 提高至大于 90%，达到了木薯干发酵的水平。取得授权申请发明专利 3 项，发表论文 39 篇（其中 SCI 和 EI 收录 9 篇），出版专著 1 本，菌种保藏 4 株。

4.2 技术关键点及难点

研究薯类原料黏度产生机制；采用逐级筛选＋ CO_2 高压筛选的系统定向筛选方法，筛选出具有高产物反馈抑制耐性的高效菌株，从而为高黏度薯类鲜原料高浓度、快速乙醇发酵提供优良菌种。

4.3 应用案例与前景

该成果实现了薯类乙醇高黏度发酵、快速发酵、高浓度发酵三大技术突破，在资中县银山鸿展工业有限责任公司、内江永丰农业科技有限公司等企业得到推广应用，通过提高单位设备的生产力、新增产值、节水、降耗，已产生经济效益 3.52 亿元，给农民带来新增收入约 3 亿元。该技术成果值得进一步扩大推广应用，为企业为农民创造价值。

主要完成人：赵海，靳艳玲，方扬，赵云，万明，何开泽，王海燕，和智明，甘明哲

主要完成单位：中国科学院成都生物研究所，四川大学，资中县银山鸿展工业有限责任公司，内江永丰农业科技有限公司

技术成熟度：★★★★★

5 薯类全粉加工技术与装备开发

5.1 成果简介

薯类是一种低脂、低热量及高纤维的食品，含有丰富的膳食纤维以及维生素，有助于防治便秘、癌症等多种疾病。该项目在分析研究及消化吸收薯类加工领域先进技术的基础上，在薯类精深加工关键技术以及装备上取得了突破性进展，主要的研究成果包括：（1）薯块高效脱皮、去皮技术，实现对薯块脱皮去皮的同时确保了对薯块肉质不构成损伤。（2）实现了薯块无撞击连续输送技术，解决了传统输送工艺中对物料的撞击损伤，同时又避免了薯块暴露在空气中而遭到氧化。（3）高效微剪切薯泥制备技术，有效降低了细胞破碎率以及淀粉游离率。（4）高压蒸煮制泥抗氧化防褐变技术，该技术可有效抑制薯泥的氧化褐变，且有利于淀粉的凝胶化，产品品质及外观质量得到大幅改善。（5）高黏物料匀膜快速干燥技术，已形成具有不同结构形式的系列产品，可根据不同的全粉生产工艺实现不同薯品的快速干燥。（6）颗粒全粉回填干燥技术，改善了产品的复水效果及口感，方便贮运。

5.2 技术关键点及难点

加工成套装备采用机、电、仪一体化的全封闭设计，实现自动化连续生产。在加工过程中，综合运用过程、系统及单元设备节能措施，工艺水流多次循环利用，实现水循环式使用、热能阶梯式利用。

5.3 应用案例与前景

该项技术和产品已在甘肃、新疆、内蒙古、黑龙江等薯类主要产区实际使用，受到了用户好评。该产品是同类产品中性能领先且唯一实现整条线完全国产化的，已占据国内同行业中最大的市场份额（国内有企业售单机）。薯类全粉精深加工关键技术及装备的开发和推广，符合中国加快食品加工业现代化、打造食品强国的内在要求，可以满足群众对薯类全粉深加工食品日益增长的需求，提高薯类产品精深加工的比例。薯类全粉的加工，可提高农产品附加值，带动薯类产区的经济发展，增加农民收入。

主要完成人：顾正彪，何贤用，宣世所，沈寒，高云根
主要完成单位：东台市食品机械厂有限公司，江南大学食品学院
技术成熟度：★★★★★

6 马铃薯淀粉渣饲料化及肉牛育肥试验研究

6.1 成果简介

目前马铃薯淀粉渣主要通过三种方法进行饲料化利用：（1）直接饲喂。（2）挤水晒干后加入精料中饲喂。（3）经微生物发酵生产菌体蛋白饲料与其他饲料配合饲用。

经微生物发酵的马铃薯淀粉渣可有效增加其蛋白质含量，提高其营养价值。本项目从微生物发酵生产菌体蛋白饲料到淀粉渣发酵产品育肥肉牛进行了一系列的试验研究工作。先后开展了有氧发酵及厌氧发酵生产蛋白饲料技术研究。首先，从 32 种菌种中选出适合马铃薯淀粉渣固态有氧发酵的优势纤维素降解菌 2 株、生物蛋白发酵菌 3 株及其发酵组合和复合菌剂。其次，试验研究出马铃薯淀粉渣生料与熟料 2 种有氧发酵蛋白饲料生产工艺，研究出了马铃薯淀粉干渣与湿渣厌氧发酵工艺。在马铃薯淀

粉肉牛育肥过程中进行了多方面试验研究，并在此过程中取得了大量的试验数据。分别研究了湿渣配合不同粗饲料与干渣配合不同粗饲料肉牛育肥效果、池存湿渣饲喂量对肉牛育肥效果影响、发酵渣肉牛育肥效果。结果表明，干渣发酵组的育肥效益明显好于未发酵组，相比之下优势更为明显。从试验结果可知，要充分发挥微生物发酵马铃薯淀粉渣的价值与作用，应发酵好后立即干燥效果较佳，替代部分蛋白饲料添加到精料中应用，添加比例控制在 15% 左右为宜。

6.2 技术关键点及难点

采用微生物固态发酵技术，熟料发酵的方式，利用马铃薯渣为主原料，以麸皮、蚕豆秸秆粉等为辅料，进行生产工艺的确定、培养基筛选、单菌种配方、发酵菌种筛选、多菌协生发酵菌种配比、培养条件等多次正交优化试验，得出最佳发酵培养基配方及生产工艺。以马铃薯渣为主要原料，麸皮和蚕豆秸秆粉等为辅料，采用多菌协生生料固态发酵工艺。经过纤维素酶预处理条件筛选、培养基质配方筛选、SCP 发酵菌种培养条件筛选、多菌协生混合发酵等多次试验，优化确立生料发酵生产工艺。

6.3 应用案例与前景

马铃薯淀粉渣中含有大量的淀粉、纤维素、半纤维素、果胶等可利用成分，同时含有少量蛋白质，可作为发酵培养基，具有很高的开发利用价值。马铃薯渣的处理和转化问题一直没有得到很好的解决。无论是从马铃薯渣中提取有益物质，还是利用马铃薯渣生产发酵产品，技术上面临的主要问题就是马铃薯渣的营养价值较低，经济上面临的瓶颈就是薯渣转化产品的效益较差、市场化推广难度较大。利用薯渣发酵生产禽畜饲料，是未来马铃薯渣处理的最有发展潜力的方向。

主要完成人：刘陇生，苏永生，黄杰，王国栋，郭斌
主要完成单位：甘肃省农业科学院畜草与绿色农业研究所

技术成熟度：★★★★☆

7　马铃薯渣高效综合利用技术

7.1　成果简介

马铃薯渣是新鲜马铃薯加工后的一种主要副产品，由马铃薯的细胞碎片、细胞壁残余物、残余淀粉颗粒及细胞壁、薯皮细胞或细胞结合物构成。据相关数据显示，若采用马铃薯生产淀粉，则平均每生产 1t 淀粉，就需要消耗约 6.5t 马铃薯，排放 20t 左右的废水以及 5t 左右的薯渣。而国内目前淀粉的年产量为 3.0×10^5 t 左右。此外，由于马铃薯渣本身含水量较高，中途不易贮存和运输，并且变质后会产生恶臭气味，严重污染环境；若将马铃薯渣烘干处理，制作成干饲料，则其成本过高。因此，大量的马铃薯渣得不到合理的利用，通常作为废渣丢弃或进行掩埋处理，这样造成了资源的极大浪费。

针对上述问题，江南大学对产量大、易腐坏变质以及干燥贮藏难的马铃薯渣进行高效整体综合利用，并将其发展成了增重效果明显的功能性饲料、高膳食纤维增稠剂以及瓦楞纸板黏合剂等产品，实现马铃薯淀粉加工废弃物快速、规模化消纳技术的产业化，有效解决了马铃薯淀粉生产企业薯渣处理过程中的难题，极大提高了企业效益，推动了马铃薯淀粉加工行业健康发展。

7.2　技术关键点与难点

该技术在有效的时间内将马铃薯渣转变成功能性饲料、增稠剂、黏合剂等产品尤为重要。时间久了马铃薯渣易腐坏变质。

7.3　应用案例与前景

本技术对马铃薯渣中的淀粉、纤维素、果胶等组分实现了整体的高效利用；处理工艺简单易行，处理量大、速度快，可适应我国马铃薯淀粉生产的需求；所生产的饲料、瓦楞纸板胶黏剂和增稠剂应用效果优良，市场前景广阔。

主要完成单位：江南大学

技术成熟度：★★★★☆

8 薯类酒精生产新技术及副产物综合利用

8.1 成果简介

我国耕地面积虽然较大，但是人均占有量较少。面对这一问题，国家发改委倡议发展燃料乙醇，以做到"不与人争粮、不与粮争地、不破坏环境"的目的。但是对于传统酒精生产来说，这一产业属于高粮耗、高能耗、高水耗以及高污染的工业，还存在酵母生产性能差，发酵周期长、酒精产量低、产品形态单一、耗水耗能以及副产物利用率低等问题。因此发展节能降耗环保型薯类乙醇产业势在必行。该项目针对以上问题，对薯类及其副产物进行了全面研究，并取得了如下成果：（1）筛选出了耐高浓度酒精酵母，并将该酵母编号为 36；选育出了适合薯类特点的生淀粉酶高产菌株、高耐受性乙醇发酵菌株，该菌株所产生淀粉酶活力可高达 200u/mL，酶活力为出发菌株的 6.8 倍。（2）建立了薯类生料高效糖化与转化燃料乙醇新技术体系，糖化效率与传统工艺技术相比快了 3 倍以上，发酵体系中乙醇浓度可达到 15%。（3）研制出了乙醇高效脱水技术，开发出了固体和液体两种燃料乙醇新产品，制定了相应产品标准以及生产技术规范。（4）研究出了薯类酒糟厌氧发酵制备沼气与沼气发电节能技术体系。（5）沼渣也得到了很好的利用，开发出了沼渣肥料，生产出了有机肥，且有机肥质量优于国家标准，有机质含量大于 30%、总养分（$N+P_2O_5+K_2O$）含量大于 4.0%、水分含量小于等于 20%，pH 5.5～8.0。（6）利用薯类酒糟为原材料，研制了微生物饲料添加剂和生物饲料。该技术发明降低了酒糟饲料的纤维素含量，饲料蛋白质含量高达 30% 以上，大幅提高了有益微生物的数量。（7）将年产 0.5 万 t 的酒精生产线扩建为年产 5 万 t，产能整体上提高了 9 倍；新建了酒糟沼气发酵生产线 1 条，年产沼气 18 亿 m³。新建了沼气发电机组 1 套，年发电能力为 864 万 kWh。新建了年产 5 万 t 的沼渣有机肥生产线 1 条。

8.2 技术关键点及难点

筛选耐高浓度酒精酵母、薯类生料发酵优良微生物以及高淀粉酶活的微生物，从而实现薯类生料的高效糖化和转化燃料乙醇，同时，利用酒糟厌氧发酵制备沼气，同时利用沼渣制备优质有机肥料。

8.3 应用案例与前景

研究成果应用给合作单位带来了显著经济效益：近三年新增利润 15 396.82 万元、新增税收 4 034.36 万元、节支 2 641 万元；项目实现了节能降耗减排的目标；对建设"两型"社会具有重要意义。以薯类为原料，推动了薯类种植业的发展，可促进农业增效、农民增收和新农村建设。

主要完成人：谭兴和，熊兴耀，周红丽，苏小军，李清明

主要完成单位：湖南农业大学，湖南龙山县金山实业有限责任公司，湖南正虹科技发展股份有限公司

技术成熟度：★★★★☆

9 甘薯系列食品加工技术

9.1 成果简介

甘薯又称红薯，是我国重要生物资源之一。甘薯除营养价值高、资源丰富外，还能为项目推广应用提供充足的原料保证。该项目研究成果如下：(1) 甘薯仔，该项目是以甘薯全粉或者采用鲜甘薯为主要原料，通过模具加工而成的形似小甘薯的方便食品。(2) 速冻甘薯脆片（条），该项目是以鲜甘薯为原料，经切割成型后进行低温速冻、高温油炸等工序制成的系列休闲食品，

该产品在日本及东南亚备受消费者青睐。（3）膨化型甘薯香酥片，膨化型甘薯香酥片还是以甘薯全粉或者鲜甘薯为主要原料，采用蒸炼成型、干燥膨化以及调味包装等技术加工而成，其加工设备可兼容其他薯类如马铃薯香酥片的加工等。（4）非油炸蛋苕酥，蛋苕酥属于四川传统方便食品，解决了油炸食品带来的健康争议问题。该食品的特点是经配料、挤压膨化造粒、黏结成型以及杀菌包装等工序加工而成。（5）方便甘薯泥，方便甘薯泥属于冲调型方便食品，食用时只需用开水冲调糊化即得一碗口感鲜香的甘薯泥，食用方便，且可根据需要制成不同的口味。（6）甘薯羊羹，甘薯羊羹同样是以甘薯全粉或鲜甘薯为主要原料，按栗羊羹加工工艺以及专用加工技术制成的方便甘薯食品。

9.2 技术关键点及难点

在保证甘薯营养价值的前提下，采用先进的加工技术，生产出适合不同爱好者口味的方便甘薯食品。

9.3 应用案例与前景

该项目整体技术达到国内行业领先水平。该项技术成果荣获成都市科技进步奖。甘薯加工的产业化项目已成功在四川、贵州、福建等省 7 家企业应用，经济社会效益显著，在全国有重要影响。

主要完成单位：四川大学
技术成熟度：★★★★☆

10 马铃薯综合加工技术与成套装备研究开发

10.1 成果简介

由于马铃薯淀粉颗粒大、黏度高，其淀粉和深加工产品有着较高的利用价值。目前，国内外市场对其需求量都很大，但是国内企业所生产的淀粉无论从数量上还是质量上在一定程度上都很难满足市场的需求。该项目从大宗淀粉及其深加工产品、新兴的薯条等食品、休闲食品以及加工过程中的综合利用与环境优良化等方面着手，进行了高品质 α 淀粉工业化生产、淀粉全旋流生产技术、马铃薯薯条加工、马铃薯（颗粒、雪花）全粉生产、复合薯片生产、薯饼、薯丸、薯泥、马铃薯淀粉厂废渣的综合利用等七条生产线的研制。项目的有效实施，解决了马铃薯产品精深加工中长期存在的技术与成套装备问题，并且研发成功了 4 项加工工艺技术即精淀粉加工全旋流工艺、变性淀粉加工工艺以及全粉加工回填工艺等，以及速冻薯条、薯饼（丸、泥）、油炸薯片和复合薯片等马铃薯快餐休闲食品的加工工艺技术 5 项；另外还研制成功了全旋流淀粉提取、大型柔性刮刀滚筒干燥、蒸汽去皮、水力切条、复合薯片压片、连续油炸以及废渣的生物发酵生产蛋白饲料等关键技术以及设备 53 台套，向市场提供了十几种马铃薯新产品。研发的全旋流淀粉提取、大型柔性刮刀滚筒干燥、蒸汽去皮、水力切条等工艺技术及关键设备有 20 项填补了国内空白，可替代进口。

10.2 技术关键点及难点

（1）高得率马铃薯淀粉全旋流生产技术及参数。（2）全旋流工作站的研制及各级联系及配置参数。（3）高效锉磨机：高转速锉磨鼓及主轴材质、锯条夹紧方式、锉磨鼓转速、锉磨鼓直径、锯条的齿数及齿形等的设计和制造关键技术。（4）全旋流工作站、高效锉磨机等制造。

10.3 应用案例与前景

淀粉旋流生产工艺的主要单机全旋流工作站、高效锉磨机等已于 2006 年完成设备标准定型化，并能实现全部国产化。该型生产线已在国内推广十几条，其中包括河北围场双九马铃薯淀粉有限公司年产 10 000t 淀粉生产线；吉林敦化银龙淀粉有限公司年产 10 000t 马铃薯淀粉生产线；青海湟中淀粉有限公司年产 20 000t 马铃薯淀粉生产线等。就投资规模及经济效益估算，以

20t/h 鲜薯处理量的淀粉生产线为例，设备投资为 300 万元，每小时生产淀粉 3t，每吨淀粉成本为 3 500 元，每吨淀粉的价格为 4 500 元，年利润可达 800 万元。

主要完成人：陈志，李树君，方宪法，赵有斌，杨延辰
主要完成单位：中国农业机械化科学研究院
技术成熟度：★★★☆☆

11　木薯酒精浓醪清洁生产技术研究及产业化示范

11.1　成果简介

根据国家发展改革委在《可再生能源中长期发展规划》中提出的要求，即发展甜高粱、木薯等非粮生物燃料乙醇，广西已建设了近 100 万 t 燃料乙醇生产基地，年均新增鲜木薯 700 万 t，虽然已形成规模化生产，但是在生产过程中存在较多问题，如整体技术水平低，原料消耗高、能耗高、成本高、废渣处理效率低以及废液处理不达标等。针对上述问题，该技术目的在于探索木薯酒精浓醪发酵清洁生产技术研究及产业化示范的集成创新，该技术利用 TTC 指示方法与连续驯化技术获得 1 株符合木薯乙醇高浓度，高效发酵的专用酿酒酵母菌；在多尺度参数优化木薯糖化协同浓醪发酵乙醇技术的基础上，解除了高浓度底物对酵母菌生长以及乙醇发酵的抑制，提高了发酵成熟醪浓度和木薯淀粉利用率，缩短了发酵周期；建立了高效低成本的发酵废液清洁处理工艺，实现生产三废的处理利润化。

11.2　技术关键点及难点

研究利用 TTC 指示方法与连续驯化技术获得 1 株符合木薯乙醇高浓度、高效发酵的专用酿酒酵母菌。

11.3　应用案例与前景

项目申请发明专利 11 项和实用新型专利 6 项，已授权实用

新型专利 6 项；项目建立了 10 万 t/年木薯酒精浓醪清洁生产技术产业化示范工程，稳定运行超过 100d，项目实施后使企业年新增产值 1 679 万元。该技术可在木薯酒精加工企业推广应用。

主要完成人：徐大鹏，冯英，张之迎，张志成，邓文生
主要完成单位：广西新天德能源有限公司
技术成熟度：★★★☆☆

第六节　酿造产品

1　生态酿酒综合技术研发及产业化

1.1　成果简介

白酒一直以来都是中国居民消费的主要酒类，其中浓香型白酒的产销量约占我国白酒总产量的 70%，浓香型大曲酒采用的是续糟发酵，加粮糟配料后将会多出 25%～30% 的糟醅，若残余淀粉较高、酸度高，则不适合进一步发酵。采用传统的蒸汽排酸工艺，其效果并不是很理想，致使浓香型出酒率一般在 35% 左右。主要技术成果：（1）采用回糟降酸技术，操作时使回糟入池酸度不超过 2.0，出酒率达 42%～43%，极大地降低了生产成本。（2）机压强化包包曲技术。在制曲过程中加少量丢糟和酯化力较强的红曲霉，这样能有效地抑制有害菌繁殖并且提高大曲酯化力，同时人工踩曲也可替换成机械压曲，不仅降低了劳动强度，同时提高工作效率，而且提高大曲的一级曲率。（3）老窖泥己酸菌液培养人工老熟窖泥技术。培养传统的窖泥老熟一般要5～10年的时间，该项目采用了现代生物技术，可从老窖泥中分离出以己酸菌为主的窖泥功能菌，通过筛选、培育及扩大培养，再接种到人工老熟窖泥中培养。该技术可极大地缩短新窖泥老熟时间，使新建酿酒车间在 2 年内达到老窖池产酒水平，提高投资回收率。

1.2 技术关键点及难点

研究回糟降酸技术，使回糟入池酸度不超过 2.0，以提高出酒率；研究老窖泥己酸菌液培养人工老熟窖泥技术，缩短新窖泥老熟时间。

1.3 应用案例与前景

该项目技术在湘窖酿酒车间推广应用后，浓香型大曲基酒生产量约 10 000t/年，优质品率超过 50%，出酒率达到 43%，均高于同行业平均水平，每年可节约粮食约 5 300t、减少丢糟的直接排放量 576t，同时新增就业岗位 298 人。该项目生产基酒勾兑为成品酒产品销售后，2011 年、2012 年实现销售收入、税收总额和利润总额分别为 65 061 万元、10 091 万元和 7 968 万元、77 837 万元、20 012 万元和 1 071.9 万元，2013 年在白酒行业整体下滑的背景下也完成上缴税收总额 19 276 万元的艰巨任务，三年内税收总额达 49 379 万元。2014 年该项目技术在华泽集团其他酿酒企业进行推广应用。

主要完成人：余有贵，杨志龙，熊翔，吴向东，汪小鱼，刘安然，雷安亮，马利群，岳小青

主要完成单位：湖南湘窖酒业有限公司，邵阳学院

技术成熟度：★★★★★

2 固态酿酒智能化装备关键技术研发及产业化

2.1 成果简介

目前在以粮食为原料酿造白酒的过程中，存在劳动强度过大、生产环境较差、产品质量极不稳定等问题，并且随着劳动力成本的不断攀升、土地资源的日益紧张，严重制约了白酒企业的可持续发展。针对上述问题，江苏今世缘酒业股份有限公司通过不断的研究，取得了如下成果：（1）自主研发了全回流白酒冷冻

过滤装置，采用全回流白酒冷冻过滤装置及方法，有效解决了白酒浑浊失光问题。（2）自主研发了圆盘制曲自动化装备系统 2 套，用于生产酵母曲、白曲及细菌曲等麸曲，在该设备中配置了温湿度智能控制系统，实现了白酒生产制曲过程中的"智能化"控制。（3）合作研发了固态浓香酿酒自动化生产线装备系统 1 套，该设备采用机械搅拌代替了先前的人工搅拌；该装备系统大大提高了生产效率，减轻了劳动强度。（4）合作研发了芝麻香酿酒机械化生产线装备系统 1 套，该装备系统配备了堆积培养控制系统，设计采用了移动式堆积培养箱的方法，粮糟在堆积培养箱通过链板传动并辅以智能化控制系统，此过程可保持工艺要求的温度和湿度，实现酿酒过程的智能化操作，稳定了白酒质量。

2.2 技术关键点及难点

研发设计全回流白酒冷冻过滤装置，保证产品质量与风味的稳定；研制圆盘制曲自动化装备和固态酿酒自动化装备，实现了麸曲培养整个过程机械化自动化操作、浓香与芝麻香酿酒的机械化自动化生产，是固态酿酒机械化与自动化代替手工操作的革命性突破。主要技术经济指标：（1）酒体陈味物质损失减少达30％，缩短白酒贮存时间达 2 年以上。（2）与传统工艺相比，浓香出酒率提高 9％，优质品率提高 1.1％，吨酒成本降低16.5％，优质品率提高 2.1％，吨酒成本降低 16.1％。

2.3 应用案例与前景

该项目的创新成果应用，不仅保证了产品白酒质量与风味的稳定，且循环利用硅藻土、高级脂肪酸乙酯，节约了资源，改善了环境，促进了传统酿酒产业的转型升级，尤其是麸曲、酿酒机械化自动化于 2012 年扩大生产应用，2013 年形成 2 套圆盘制曲设备系统，8 条浓香、4 条芝麻香酿酒机械化生产线，累计新增销售 105 800 万元，新增利润 31 740 万元。该项目技术含量高，行业需求量大，应用前景广阔。该项目被评为淮安市 2013 年度科技进步一等奖。四川省四白酒酿造大省，有五粮液、泸州老窖、丰谷、全兴、古川等名优酒企，且白酒行业急需标准化、机械化、智能化生产，该技术具有显著的生态、经济和社会效益。

主要完成人：吴建峰，徐保国，左文霞，王闪，方志华
主要完成单位：江苏今世缘酒业股份有限公司，江南大学
技术成熟度：★★★★★

3 五粮兼香型白酒生产工艺研究

3.1 成果简介

为了浓酱兼香产品在浓香型白酒企业中得到推广，推进四川白酒产业的多元化发展以及增强企业的核心竞争力，该项目开展了五粮兼香型白酒生产工艺研究。其主要研究成果如下：（1）专用大曲生产工艺研究。该项目研究了大曲品温，确定了该工艺所用大曲的制曲品温比传统中高温大曲还要高 2～3℃（最高品温可达65℃）时，原酒产质量可达最优，且通过大曲感官指标，确定了其润粮水分、粉碎粒度。（2）五粮兼香型白酒生产工艺研究。以堆积过程糟醅感官指标为准，并以堆积糟醅产生的感官香味及理化指标的辅助判断，最终确定堆积品温在 50～60℃ 为佳（冷季 50～55℃，热季 55～60℃），堆积后的糟醅与传统浓香型白酒入窖时相比，提高了糟醅酸度，丰富了糟醅中呈香呈味物质的含量以及活化了糟醅中的微生物群落。（3）多粮兼香型白酒酒体设计。采用该工艺生产的基础酒酒体呈香呈味物质丰富，与传统浓香型基础酒相比，除了己酸乙酯略低外，该基础酒中乙酸、己酸、丁酸、乳酸乙酯、乙酸乙酯含量略高，而且正丙醇、正丁醇、醋翁含量高出 1～2 倍，其他香味成分含量相当。

3.2 技术关键点及难点

在五粮浓香型生产工艺基础上，融合了酱香型白酒高温制曲、高温堆积、高温发酵等生产工艺特点，创建了"一步法"酿

造五粮兼香型白酒生产工艺；研究"一步法"生产五粮兼香型白酒的发酵机理。

3.2 应用案例与前景

经多位国家、省级评委鉴评，认为酒体丰满、诸味谐调、优雅细腻、浓中带酱，并在此基础上开发出了全新的多粮浓酱兼香型白酒——柔雅叙府系列白酒产品，产品受到四川省白酒专家组及多名国家白酒评酒委员集体品鉴，品鉴结论为"无色透明、浓酱协调、香气优雅、醇厚绵甜、酒体丰满、余味净爽、五粮兼香风格典型"。该技术成果完善和丰富了四川白酒的品牌和香型系列，进一步巩固了四川白酒在全国范围内的领导地位。建立了农业产业化基地 10 万亩，助农增收 300 余万元，新增就业人员 30人。项目建设期间完成新增销售收入 3.7 亿元，利税 4 500 万元，净利润 2 600 万元，社会经济效益显著。

主要完成人：陈泽军，周瑞平，彭礼群，陈云宗，王涛，唐代云，江东村，朱和琴，刘超，游玲

主要完成单位：四川省宜宾市叙府酒业股份有限公司

技术成熟度：★★★★★

4 白酒生产过程中塑化剂去除技术研究与应用

4.1 成果简介

对于白酒生产来说，其酒体中塑化剂的去除技术研究与应用具有重要的现实意义。近年来，该项目主要针对白酒中塑化剂问题展开研究，该项目主要研究成果：（1）其主要的研究对象包括以白酒生产过程中所需的原料、燃辅料、包装材料、加工助剂以及白酒产品等，根据白酒的生产工艺，针对在生产中迁移的白酒中塑化剂成分展开了相关的研究。（2）项目以活性炭作为白酒中塑化剂的吸附去除材料，并对活性炭的相关性质、用量、添加方

式、吸附时间、温度以及酸度等影响因素进行了一系列的研究，并建立了关于活性炭吸附去除白酒中塑化剂的经验数学模型。（3）改进塑化剂国标检测方法。性能指标：对塑化剂的来源进行分析可知，白酒中的塑化剂主要来源是由于酒体接触的各种塑料制品以及有机材料迁移导致。酒体中塑化剂的含量也是由不同材质和品质的塑料制品所决定，其中引入最多的组分是 dIbP（邻苯二甲酸二异丁酯）、dbP（邻苯二甲酸二丁酯）和 dEHP（邻苯二甲酸（2-乙基）二己酯），该项目将 dIbP、dbP 和 dEHP 这三种物质作为了研究的对象及重点。

4.2 技术关键点及难点

根据白酒生产工艺，研究白酒中塑化剂来源及成分；选择活性炭作为白酒中塑化剂的吸附去除材料，对活性炭的性质、用量、添加方式、吸附时间、温度以及酸度等影响因素进行了研究。

4.3 应用案例与前景

通过进行成果鉴定，项目研究成果已达到国内领先水平。在项目研究期间已由四川省绵阳市丰谷酒业有限责任公司、成都子云亭酒业有限公司、四川广汉金雁酒业有限公司 3 家共同针对该项目研究成果进行应用。应用结果显示该项目科研成果能够有效地应用于白酒中塑化剂的去除，且处理后对酒体风格不会造成影响，帮助企业直接（间接）避免经济损失高达数亿元。此外，该项目的研究成果有利于推动白酒行业的发展，促进地方经济的快速增长。

主要完成人：应全红，王远成，王霓，郑敏，白德奎
主要完成单位：绵阳市产品质量监督检验所
技术成熟度：★★★★☆

第四章 相关集成技术

1 精量滴灌关键技术与产品研发及应用

1.1 成果简介

日益激烈的粮食需求与农业可供水量短缺的矛盾，促使我国正在大力解决农业节水问题，以保障我国粮食安全和水安全。党的"十八大"以来，关于治水问题政府也多次发表了重要论述，阐明我国自古以来基本国情便是水资源时空分布极不均匀、水旱灾害频发。作为当今先进的高效节水灌溉技术之一的滴灌，对促进我国灌溉农业可持续发展、保障国家粮食安全和水安全意义重大。但在我国滴灌技术发展中，面临灌水均匀度低、系统运行能耗高、精量施控程度不足等瓶颈。该项目主要就上述问题进行创新研究，集成灌溉技术，创建了精量滴灌技术体系。主要研究成果如下：（1）创建了地表滴灌高均匀性灌水器、地下滴灌抗堵塞灌水器、低压力调节器设计理论与方法，使低压下灌水器灌水均匀度下降、地下滴灌作物根系入侵堵塞等世界技术难题得到根本解决，弥补了我国在精量滴灌产品设计理论与方法开发方面的缺口。（2）创制了高均匀性灌水器、压力补偿式抗堵塞灌水器、低压力调节器等精量滴灌关键产品，创新了滴灌管材（件）回收再生利用技术，产品性能居于世界领先水平，实现了我国精量滴灌产品从仿制到自主创新的跨越。（3）构建了 3 种适合我国区域特色的低压高均匀性地表滴灌技术集成应用模式、宽幅压力补偿式滴灌技术集成应用模式、祛根抗堵型地下滴灌技术集成应用模式，使现有滴灌系统运行能耗高、复杂地形下灌水均匀度低、投资成本高等难题得到有效解决。

1.2 技术关键点及难点

提出在灌水器制作材料中添加复合铜粉祛根剂的设计理念，成功解决了地下滴灌作物根系入侵堵塞的国际技术难题；定量分析滴灌系统中流量自调节装置结构和弹性膜片对流量补偿性能的影响机理，揭示过流断面变化、压差、材质性能与流道消能间的耦合机制，构建高抗堵流量自调节装置设计方法。

1.3 应用前景与案例

该项目技术成果及全部技术产品已实现产业化，在国内创建了 9 个科研生产基地，在甘肃、新疆、内蒙古等 16 个省、自治区推广应用 1 413.95 万亩，国内市场占有率达 33.67％以上，亩均实现节水 35.1％，增收节支 440.4 元，实现直接经济效益 62.23 亿元，累计节约农业用水量 297.78 亿 m^3。项目产品远销澳大利亚、美国等 26 个国家，累计实现出口创汇 2 966.9 万美元，树立了国际化民族品牌形象，加速了我国滴灌产业国际化的进程。项目期内开展节水技术培训 350 万人次，培养出一支具有国际竞争力的研发团队，为节水灌溉产业的持续创新发展提供了技术人才支撑。

主要完成人：王栋，许迪，龚时宏，王冲，高占义，仵峰，黄修桥，王建东

主要完成单位：甘肃大禹节水集团股份有限公司，中国水利水电科学研究院，华北水利水电大学，水利部科技推广中心

技术成熟度：★★★★★

2 多肽加工增值转化关键技术研究与产业化

2.1 成果简介

动植物多肽加工中长期面临增值转化关键技术的瓶颈，该项目针对这一问题进行了研究。突破了加工多肽的关键技术问题，并实现了产业化，将动植物蛋白质增值转化为生物活性肽，开发出了一系列具有多种特殊功能的多肽类产品。主要技术成果：（1）深入研究了提取、加工动植物多肽的工艺参数，并实际应用于产业化生产。（2）对多种动植物多肽的制备、分离纯化工艺进行了研究，根据不同原料各自的特点，采用不同的酶制剂对其进行水解，可使肽的水解度和肽的得率显著提高，且所得肽溶解性好、易于消化吸收。（3）分析研究了玉米肽、花生肽、大豆肽、酪蛋白肽、胶原蛋白肽、核桃肽、油茶籽肽、米糠肽、棉籽肽和菜籽肽的理化特性和生理活性，并制定了相关产品的质量标准。（4）利用玉米肽、花生多肽、大豆多肽、酪蛋白磷酸肽和胶原蛋白肽，开发出8个系列功能性多肽产品。开发了白蛋白多肽胶囊、紫清软胶囊、减肥肽胶囊等保健食品；多肽蛋白粉、圣果多肽胶囊、淑女三珍、肝肽胶囊、胶原蛋白粉剂、胶囊剂、冲剂等系列品种；蛋清蛋白多肽、胶原多肽、大豆多肽、玉米肽等10多种功能性原料，在乳品、饮料、烘培食品、微波食品、营养食品和化妆品中广泛应用。

2.2 技术关键点及难点

对动植物多肽提取、加工的技术参数及产业化进行了深入的研究和实际应用；对玉米肽、花生肽、大豆肽、酪蛋白肽、胶原蛋白肽、核桃肽、油茶籽肽、米糠肽、棉籽肽、菜籽肽和白蛋白肽等动植物肽的制备方法和分离纯化工艺进行了研究，将动植物蛋白增值转化为生物活性多肽。

2.3 应用前景与案例

以上成果已在湖北、浙江和山东等省的多家植物蛋白和多肽加工企业推广应用。累计生产系列多肽 13.26 亿元的总产值，三年累计新增利润 1.88 亿元，新增税收 9 284 万元，开创了中国多肽加工和资源增值转化的新局面。

主要完成人：何东平，陈栋梁，刘良忠，胡传荣，罗国轩，刘汉民，姚行权，饶邦福，张世宏，姚理，江思佳

主要完成单位：武汉工业学院，武汉天天好生物制品有限公司，武汉百信正源生物技术工程有限公司，随县天星粮油科技有限公司

技术成熟度：★★★★★

3 食品中重要危害物抗体库的建立及其产品研发

3.1 成果简介

民以食为天、食以安为先，食品安全问题事关人民群众身体健康和生命安全，事关社会经济发展与和谐。为弥补我国在免疫检测试剂和装备领域的不足，促进生产基地建设、提升技术实力、提高生产能力，改变部分检测产品长期依赖进口的局面，带动国家食品安全检测试剂产业的发展，本项目旨在增加我国食品危害物抗体的库容量，并借助食品安全检测试剂与装备产业技术创新战略联盟平台开发相应的检测试剂盒和试纸条产品，以完善我国食品安全检测技术体系，提高检测水平和速度，为全面贯彻落实《食品安全法》、实现"全方位保障食品安全"的目标提供强有力的技术支撑。成功实施该项目，将为我国取得更多具有自主知识产权的食品安全检测高新技术，对经济和社会都将带来巨大效益。

3.2 技术关键点及难点

首次系统地建立了食品中重要危害物抗体资源数据库，库容量 200 种抗体，包括农兽药、有害化合物、生物毒素、致病微生

物；克服了人工免疫原获得的瓶颈问题，建立了人工抗原制备体系及高效抗体制备体系；研发出多种食品污染物胶体金试纸条和ELISA试剂盒；通过多检测线设计，实现污染物的多残留检测；悬浮芯片技术产品的研发也十分关键。

3.3 应用前景与案例

本课题研发的具有完全自主知识产权的检测试剂盒和试纸条系列产品，填补了我国在免疫检测试剂和装备领域的不足，改变部分检测产品长期依赖进口的局面，迫使国外产品降低垄断价格，大大节省检测费用。这些快速检测产品，已应用在蒙牛集团、雀巢公司以及其他一些乳制品上游供应商等。目前，产品已实现销售收入 2.93 亿元。

主要完成人：张改平，邓瑞广，胡骁飞，王爱萍
主要完成单位：河南百奥生物工程有限公司
技术成熟度：★★★★★

4 利用醋糟和秸秆开发环保型基质及其精细化应用技术

4.1 成果简介

该项目将生物工程、机械装备与自动化以及精细化栽培技术有机结合，开发了物料高效发酵技术、基质标准化生产技术、生产工艺装备和具有稳定性状的有机基质产品，用以解决醋糟和秸秆在转化为环保型基质过程中存在的理化性状障碍以及难以发酵腐熟、工业化生产等问题。主要研究技术成果有：（1）开发了醋糟和秸秆高效发酵技术、有机基质生产工艺及其标准化生产关键装备。筛选专门针对醋糟和秸秆高效发酵的微生物菌种，通过优化调控发酵物料比例和环境，解决了醋糟因强酸性、高水分等难以发酵的问题以及秸秆因高碳氮比导致发酵缓慢的技术难题，使

醋糟和秸秆的发酵周期分别从原来 6 个月以上和 2 个月以上缩短至 30～40 天；研发了自动定量接种、加料等关键装置，开发出了可实现基质标准化和规模化的生产工艺和生产线。（2）开发出一系列以醋糟和秸秆为原料的环保型有机基质通用性产品及相关专用产品。通过控制 pH、EC 值、有机物料粒径的比例，开发了醋糟和秸秆基质的通用性配方。在通用性配方的基础上，通过物料复配，调节氮磷钾、持水性与透气性的平衡，开发出无毒无害、营养丰富的园艺植物和其他设施作物栽培和育苗系列化有机基质产品。（3）研发出配套有机基质精细化应用技术。开发了多种栽培模式；建立了用于调控作物栽培和育苗的有机基质水分和养分技术；研发了基于光谱和电信号等技术的实时快速检测有机基质水分含量、EC 值和氮素的方法及相应的传感器；集成建立了精确控制有机基质培育的水肥技术体系。

4.2 技术关键点及难点

筛选醋糟和秸秆高效发酵专用微生物菌种，并通过发酵物料配比和环境优化控制，实现高效发酵。研究适合与有机物料配比，实现水肥精确调控，为设施作物栽培和育苗提供环保型有机基质通用性产品和系列化专用产品。

4.3 应用前景与案例

该有机基质生产工艺技术已实现了产业化。创办了多家专业化生产有机基质和肥料的企业，仅江苏恒顺集团创办的“镇江市恒欣生物科技有限公司”就拥有两家子公司。“恒欣”、“柴米河”、“连盾”等产品产生了良好的品牌效应，连续多年被列为江苏省定点补贴企业。产品及技术在全省各地及周边九省一市的园艺作物、大田作物和园林绿化中大面积推广应用。据不完全统计，2010—2012 年仅在江苏省应用的有机基质育苗及栽培技术面积已达到了 136.5 万亩，累计产生增收节支效益约 13.5 亿元。同时也有效解决了醋糟等废弃物的污染，生态效益和社会效益显著，值得在全国推广应用。

主要完成人：李萍萍，郭世荣，朱咏莉，张西良，沙爱国，王其传，胡永光，孙锦，赵青松，付为国，王纪章

主要完成单位：江苏大学，南京农业大学，南京林业大学，江苏恒顺集团有限公司，淮安柴米河农业科技发展有限公司

技术成熟度：★★★★★

5 农业秸秆综合利用技术集成创新及应用

5.1 成果简介

该项目主要针对我国大量农作物秸秆废弃污染环境、资源浪费的现象，开发一系列先进的可用于绿色农业生产的农业废弃物秸秆综合利用循环经济技术，勾画"秸秆生物质炭路线图"，以低碳增产高效为主要目标，形成绿色农业技术体系。主要技术成果有：（1）发明了集机械化、电气化控制的连续式炭化装置，通过利用限氧、自热和中吸式工艺及气液分离工艺对秸秆进行炭化，将其转化为如生物质炭、木醋酸、生物质燃气等产品，其中生物质炭富含固定碳，含有一定量的钾磷及中微量营养元素，其结构多孔疏松，呈微碱性质；木醋液是呈棕褐色的半透明液体，具有弱酸性，含有一定量的有机分子，可刺激植物生长、抑制病害，两者在农业应用中均可作为新型生产资源。流水线式生产，集炭化、气化、液化等工艺于一体，产出物均可回收利用，无废弃物产生，达到了清洁高效利用开发农作物秸秆资源的目的。（2）在生物质炭和木醋液特性与作用的基础上，研究以生物质炭固碳减排为中心的生物质炭改土增产、生物质炭复混节肥高效、生物质炭环境控制和生物质炭土壤改良等核心技术，建立了生物质炭绿色农业技术体系。将生物质炭、木醋液制作成炭基肥、炭基土壤改良剂、炭基土壤修复剂等产品并在绿色农业生产上得以应用。秸秆生物炭具有高效的转化率，炭基肥料具有显著的增产效果和固碳减排效果，炭基土壤改良剂和修复剂对土壤的改良、

修复也都有良好的作用。

5.2 技术关键点及难点

研究发明机械化、电气化集控的连续式炭化装置，流水线式生产，采用限氧、自热和中吸式工艺及气液分离工艺对秸秆进行炭化，将秸秆转化为生物质炭、木醋酸、生物质燃气等产品。

5.3 应用前景与案例

本项目技术已在商丘三利新能源有限公司建成投产秸秆综合利用加工厂 2 个，近三年处理秸秆总量达 45 万多 t，创造产值 2 亿多元。此外，在河南驻马店、河南方城、安徽淮北通过技术合作形式，推广应用本技术正在建厂，该技术具有显著的社会、生态和经济效益，值得在全国推广应用。

主要完成人：林振衡，王宏力，潘根兴，康全德，康迪，杨晓刚，李恋卿，李敏，郭歌，白义杰，赵怡丽，张凤英，张阿凤，陈洁，孙小桂

主要完成单位：商丘三利新能源有限公司，河南省化工研究所有限责任公司，南京农业大学

技术成熟度：★★★★★

6 作物生产智能监控关键技术与系统研究

6.1 成果简介

针对当前突出的监测植物生长状况的技术产品缺乏、农作物产化生产程度低、低效率的水肥药作业装备等问题，面对作物生长环境优化、产品质量有效保障、可控环境下产出效能提升的重大需求，对动态监测、智能控制、自动化实施等核心关键技术进行重点解决。为了达到高产、高效、优质、安全、生态的目的，研发一批在全国范围内应用推广的节能环保、实用、配套的技术装备，以提升智能化监控、标准化作业、精准化管理、自动化实

施的水平。研究成果详述如下：（1）研究农作物群体生长信息在线监测技术。完成了大功率的荧光激发光源，实现了农作物的均匀激发照明，制造了脉冲驱动电路和多通道滤光片，研究了叶绿素的荧光反应和植物中各种生理参数之间的对应关系，为判断植物的生理状态及专家数据库建立奠定了基础。（2）研究农作物个体生理生态信息远程监测技术。在高精度位移传感器的基础上建立了作物茎秆微变化测量系统，并进行了生产试验研究；完成了植物光合/蒸腾/呼吸测量仪的总体设计和各器件型号的选择，建立了植物光合/蒸腾/呼吸快速测量系统；联合已开发的植物生理传感器和环境信息传感器，建立了远程综合监测植物生理生态信息系统，可对作物水分胁迫早期预警、快速无损获取作物关键生理生态参数指标，为现代农业精准化生产提供技术和设备支持；完成了田间健康状况测量系统 CCD 传感器的选型和驱动设计，在新型 LVF 分光技术的基础上开发了便携式光谱仪，并采集了部分农作物数据，建立了关于作物氮素、叶绿素、水分含量及生物量的诊断模型，并将其内嵌到软件系统中，建立田间作物光谱测量系统，可对田间作物生长情况实时预测，为其健康状况诊断提供有力的技术支撑。（3）基于作物信息的水稻工厂化智能育苗技术与装备，构建了水稻芽种生产智能程控装置，对浸种催芽环节采用无人值守式智能管理，最大单系统产量可达 400t，可满足 14 万~20 万亩稻田用种。（4）大田作物水肥药种施用智能化技术与装备开发，该部分正处于研发阶段。

6.2 技术关键点及难点

研究作物生长信息及生理生态信息的在线监测系统，并研发出相关仪器设备；针对大规模催芽存在的上下层水温分布不均、厢体中间芽种有呼吸差等问题，研究了浸泡温度、时间对种子生理活性的激发机理，建立了能量动态调配、温湿氧波段式精确调控、虚拟实时联动控制等模型，重点突破了大尺度/多位点温度场精准感知、多通道信号隔离防护等关键技术，完成了芽种生产智能程控装置的构建。

6.3 应用前景与案例

在项目实施期间，所研发 13 类技术装备陆续开展了示范应用，其中，水稻智能程控浸种催芽及高效育秧系统在黑龙江省进行了大规模应用，推广智能水稻浸种催芽系统 468 套，高效育秧及健康状况监测设备 230 套，生产水稻芽种 1.78 万 t，覆盖种植面积 594.9 万亩，每亩增产 10% ～ 15%，节约水 30%、药 50%、人工 90%，培训 2 800 多人次。本成果的应用实现了寒地水稻催芽、育秧的智能化监控与精细化管理，对提高水稻生产标准化、自动化、规模化水平具有重要意义。该项目的作物生理生态和生长信息监测系统装置，适合在全国推广应用，具有显著的社会经济效益。

主要完成人：王成

主要完成单位：北京农业信息技术研究中心，浙江大学，中国农业机械化科学研究院，中国农业大学

技术成熟度：★★★★☆

7 粮食作物规模化生产精准作业技术与装备

7.1 成果简介

根据我国现代农业发展的战略需求，为进一步增强农业科技自主创新和应用转化能力、提高农业资源的利用效率、提升生产管理效率，为保障我国粮食质量安全、加速现代农业可持续化发展提供有力的技术支撑，该项目着重解决规模化农场精准生产作业中粮食精准生产设备、数字化管理与精准决策系统等问题，并将其推广应用于黑龙江开垦区等重点区域。获得主要研究成果如下：（1）使电液控制系统及其转向控制方法、路径跟踪导航控制算法得到重点解决，在电机和电液控制的基础上研制了自动转向

驱动装置，开发了田间作业导航和直线跟踪精度均可控制在5cm以内的国产化农机自动导航产品，其性能指标达到了我国领先水平。（2）研发了可用于垦区规模化种植区域粮食作物精准生产作业装备。在解决变量施肥、农药定量喷洒和水田多功能底盘技术的基础上，开发了可精确施种子、肥料、农药的模块化控制系统，制造了精准作业集成控制一体化装备。（3）开发了规模化农场数字化管理与精准决策系统。根据规模化农场精准生产作业和管理的需求，在卫星导航、遥感及信息服务等多种技术的基础上，对垦区玉米、水稻等典型大宗作物干旱、病虫害等有害因子融合多参量决策树分类、多时相光谱矢量变化检测和光谱特征空间解析算法模型重点研究解决，用以检测评估农作物养分、病虫害等级；解决"手持终端—服务器"交互式农作物信息采集诊断关键技术。

7.2 技术关键点及难点

重点研究粮食作物精准监测技术装备、精准生产数字化管理与决策系统、精准播种关键技术装备、旱地/水田环境肥药精准施用等关键技术，构建面向粮食作物规模化农场生产的精准作业系统。

7.3 应用前景与案例

该技术成果的自动导航技术产品在新疆、黑龙江、上海等地开展了实际应用，通过了山东省组织的产品成果鉴定，并与福田雷沃国际重工股份有限公司合作开始批量生产。该项目研发的大幅宽自走式高地隙精准喷药机、水田精量喷药机、面向垄作的变量施肥精密播种机、多营养元素同步变量施肥机等种、肥、药精准施用作业机械装备在黑龙江、江苏垦区和新疆建设兵团等地开展了应用示范，取得了良好的效果。数字化管理与精准决策系统目前已经在黑龙江农垦红星农场、赵光农场等地开展了应用示范，系统按地块对农场20万亩耕地进行数字化生产管理，实现从种到收各生产环节作物农情信息遥感监测解译、病虫害信息、测土配方施肥信息等的精准管理。

主要完成人：陈立平

主要完成单位：北京农业智能装备技术研究中心，华南农业大学，中国农业大学，北京农业信息技术研究中心

技术成熟度：★★★★☆

8　农田水土保持工程与耕作关键技术研究

8.1　成果简介

该项目重点从突破复杂下垫面坡改梯技术、薄层土壤侵蚀田间治理工程等关键技术方面来研究保持水土的关键工程技术和耕作技术，以解决我国重大水土保持一基本农田建设等工程对治理农田水土流失技术的迫切需求，同时为给农田水土流失工程治理和耕作安全提供技术支持，建立相关的技术标准和规程。目前该项目获得的阶段性技术成果有：（1）设计了4项工程措施用于治理两种不同坡型的薄土坡耕地水土流失，并根据4项工程措施的坡面减蚀效果的观测结果对措施设计做了进一步改进和完善。（2）根据东北地区薄层黑土及大田种植作物管理措施的实际情况，研究了不同施肥方法对耕层土壤养分对作物产量的影响，筛选出了快速培育薄层黑土肥力的技术。（3）针对玉米出现的"假熟性"现象设计了适合不同耕作方法条件下玉米延迟采收增产技术，结果表明：适当延迟采收时间，可显著增加玉米产量和千粒重。

8.2　技术关键点及难点

课题主要围绕六个方面展开研究：（1）薄层土壤侵蚀田间工程拦挡排水减蚀技术。（2）复杂下垫面坡改梯技术及配套工程设计技术标准。（3）坡面水土流失生物、工程防治及其资源化利用技术。（4）水土保持耕作与改土关键技术。（5）农田水土保持种

植和覆盖关键技术。（6）开发建设对农田安全危害及防治技术。

8.3 应用前景与案例

课题研发的肥熟耕层、垄作区田和牧草带构建技术，在"十二五"国家农业综合开发东北黑土区水土流失重点治理的吉林省公主岭市龙山项目区、梨树石岭镇耿老项目区和辽宁省恒仁县浑江等几个项目区进行了推广，推广面积 4 万 hm²。"复杂下垫面坡改梯技术及配套工程设计技术标准"所涉及的有关成果在丹凤县桃花谷水土保持科技示范园中取得重要应用，梯田的技术建设示范涉及多种不同类型的梯田建设，取得了良好的效果。

主要完成人：谢永生

主要完成单位：中国科学院水利部水土保持研究所，西安理工大学

技术成熟度：★★★★☆

9 湖南省气象为农服务业务示范平台及关键技术

9.1 成果简介

1988—1997 年，湖南省因气象灾害造成平均每年直接经济损失 153.77 亿元，占全省各类灾害损失之最（达 90%）。1996 年、1998 年和 2008 年是直接经济损失最严重的三年，分别高达 508 亿元、329 亿元和 600 亿元。在我国气象为农业服务中，大都存在以下几个问题：（1）以政府为主导的气象为农业服务，缺乏健全的部门联合行动长效机制。（2）缺乏具有针对性的服务对象、狭窄的服务范围、低水平的服务。（3）缺乏较强的精细化、专业化的农业气象监测和农业气象预报服务能力。（4）缺乏高素质的气象为农服务从业人才，且服务技术落后。因此，针对气象为农服务业中存在的这些问题，结合中国气象部门对"两个体系"建设的具体要求，在确保湖南省各试点县能在有限的人员为农服务情况

下，准确、及时、高效的制作和发布专业性强的气象为农服务"两个体系"产品；为完成农村气象灾害防御体系和农业气象服务体系内容，研制出一款自动化程度高、气象为农服务专业性强、适合本土化、便于实际操作的气象为农服务业务示范平台软件。

9.2 技术关键点及难点

湖南气象为农服务"两个体系"基础信息数据库，此数据库包含基本气象资料，如长沙常规气象观测资料、统计资料、实时资料；农业气象观测资料，如农作物观测资料、土壤湿度资料、物候资料。水稻物候预测试验研究基础数据库、湖南农作物气象指标专家系统、长沙近 41 年气候变化对双季早稻产量的影响、双季早稻气象产量预报模型、精细化的主要农作物各生长期预报方法等也是为农服务关键技术。

9.3 应用前景与案例

该研究针对性、实用性强，为湖南气象为农服务提供了强大的科技支撑，得到了中国气象局主要领域的高度评价和省气象局的认可，已在全湖南省气象部门进行推广，并在农业、国土等多个部门得到应用。为长沙市创建气象为农服务示范市奠定了基础，取得明显的服务效益，被中国技术市场协会授予"金桥奖"。

主要完成人：郭海峰，陈玉贵，杨玲，陈勇
主要完成单位：湖南省气象服务中心
技术成熟度：★★★★☆

10 水旱轮作制下秸秆养分资源高效利用关键技术

10.1 成果简介

安徽省虽具有丰富的秸秆资源，但目前得到有效利用的秸秆却仅有 50%，其中约 28.2% 的秸秆还田，而剩余近 50% 的秸秆在农田直接被焚烧或者废弃。为了可高效利用秸秆养分资源、使农作物高产稳产、提升土地质量、改善农田环境，在安徽省科技项目"秸秆资源养分循环与高效利用关键技术研究"和国家农业"土壤有机质提升补贴项目"的支持下，安徽省农业科学院土肥研究所组织联合有关单位展开对"水旱轮作制下秸秆养分资源高效利用关键技术模式研究及应用"。进行深入调查和详细分析后，对安徽省秸秆资源总量和区域分布特征有了确切了解，并为秸秆养分资源的高效利用提供了有力的数据支撑。在常规和节水两种水稻种植模式下，对秸秆翻压还田和覆盖还田的腐解特征以及两种还田方式过程中秸秆养分释放规律的差异进行了系统研究，结果表明在节水种植模式下采用翻压还田的方式，秸秆的腐解速度更快、养分释放率更高、对土壤培肥效应更强。

10.2 技术关键点及难点

阐明了秸秆还田提升土壤肥力的相关机理；明确了稻田秸秆还田方式与水稻栽培模式的理想组合；发明了一种秸秆堆肥新方法；创新集成了4种水旱轮作制下秸秆养分资源高效利用技术模式。

10.3 应用前景与案例

安徽省农业科学院土壤肥料研究所经过严格、规范的田间试验，把研究成果"早稻秸秆全量旋耕促腐还田"、"作物秸秆田头窖堆腐还田"以及"油菜秸秆多年错位开沟填埋还田"4种秸秆养分资源高效利用技术模式交给市、县农业技术推广部门，在安徽省的统一组织管理下进行了大面积示范应用。5年来，本技术成果在安徽省水旱轮作区累计推广约1 355.54万亩，稻、麦、油增产4.7%～9.6%，减少钾肥用量约2.03万t，节约钾肥投入成本10 166.55万元，扣除秸秆还田后增施腐熟剂、机械粉碎秸秆费用，净增收71 281.10万元。

主要完成人：武际，郭熙盛，余忠
主要完成单位：安徽省农业科学院土壤肥料研究所
技术成熟度：★★★★☆

图书在版编目（CIP）数据

粮食作物种植及产后加工／于勇主编 . —北京：
中国农业出版社，2017.11
（现代农业高新技术成果读本）
ISBN 978-7-109-23500-7

Ⅰ.①粮… Ⅱ.①于… Ⅲ.①粮食作物－栽培技术②
粮食加工 Ⅳ.①S51②TS210.4

中国版本图书馆 CIP 数据核字（2017）第 266985 号

中国农业出版社出版
（北京市朝阳区麦子店街 18 号楼）
（邮政编码 100125）
责任编辑　王华勇

中国农业出版社印刷厂印刷　　新华书店北京发行所发行
2017 年 11 月第 1 版　　2017 年 11 月北京第 1 次印刷

开本：850mm×1168mm　1/32　印张：6.5
字数：160 千字
定价：35.00 元
（凡本版图书出现印刷、装订错误，请向出版社发行部调换）